貓咪文學館

Cats Literary Library

陳慧文／著

小Ｐ／繪

謹以此書獻給我們鍾愛而崇拜的貓族

《貓咪文學館》序　　　　　心岱

　　在我的貓收藏中，我最得意的是幾十年下來，累積了一批貓書，從貓小說、貓散文、貓雜文，到實用貓學、貓寫真、貓繪本、貓……總之，這些貓的資產就是我的資產，我在出訪世界各國的時候，最愛逛書店的動植物書架，往往其實並看不懂內容，但只要封面有貓的圖像或「貓」這字，我就樂於帶回家。如今網路書店打開來，貓書不僅一籮筐，簡直可以說是「貓山貓海」，要購買貓書非常容易，可是，如何在這貓書之海中，找到你最有興趣的書呢。

　　曾經出版《貓言貓語》、《窩藏貓咪圖書館》的陳慧文，歷經兩年又有了新作——《貓咪文學館》，這本鎖定在「貓文學」的介紹與分類的書，對於愛貓族真是一本難得的書，慧文自己不只是個愛貓族，她以其中文系的專才，致力於推廣貓文學，在國內本土的貓作家中，算是最獨出一格的，她自己經營貓網站，貢獻一己之力，服務於愛貓族，我們看到她在本書中仔細的分類「喵嗚詩歌坊」、「喵嗚散文閣」、「喵嗚小說樓」、「喵嗚繪本室」、「喵嗚童書房」、「喵嗚視聽間」，這就是她努力建築的一棟——貓咪文學館，一樓一樓的藏書，讓讀者目不轉睛，又能一目了然的把古今中外的貓文學，納入眼底。

「貓咪文學館」收納的盡是我們知道的名作家，這有助於讀者了解何以貓這個生物竟博得如此鍾愛，千百年來，作家們以貓為題材，書寫或繪畫，表現他們對貓的感情，或藉由貓的形象特質，描繪抒發作家的創意。

　　要欣賞貓的美學或貓的哲學，也許從貓文學入門是最快的法門吧。我有近千本的貓書收藏，這是我的「貓咪博物館」中的一項，但是，我很感謝慧文在貓文學的這一塊，為讀者作了這麼詳細與貼心的耕耘，她將每一篇章或每一本名作做了介紹與講評，讓讀者從她的敘述中，體會作家在創作貓文學的意涵，進而對貓文學的涉獵有了興趣，很輕易的可以去找到這些原典之書。（如果慧文能提供更多的該書資訊就更美妙了，諸如：封面、作者簡介、定價等等）。

貓咪文學館
Cats Literary Library

請進，這裡是貓咪文學館

「壽司貓慵懶地帶」(http://www.sushicat.net/)
版主：Meiya（本名邱慧妹）

在《窩藏貓咪圖書館》出版時，與同是愛貓人的慧文初次接觸，那時便已對她的文筆以及細膩貓的心思印象深刻，比起一般的愛貓人喜歡蒐集貓雜貨，慧文更喜歡研究與探討書本中那些用文字堆疊起來的貓。

無論已經瞭解或想深入貓在古今中外在文學上的奇妙之處，藉由慧文的一隻筆，我們可以更輕鬆的窺視貓咪多年來在各個文人筆下那些詩歌中的、散文中的、小說中的、繪本中的、童書中的以及漫畫、卡通和影劇中，所描述的關於貓的許多奧妙或不為人知的特性。

準備好進入這另外一層貓的領域了嗎？請不要放過任何一個字，細細品嚐，緩緩體會，也歡迎帶著您家的貓一起閱讀！

貓與文學的對話──《貓咪文學館》自序

陳慧文

　　認識我的人，往往不久就會發現：我的髮飾、衣著、手提包乃至隨身用的筆袋、筆記本……很少不帶著貓咪圖案的；來我家拜訪，一進門就會看到玄關口的叮噹貓腳踏墊、加菲貓拖鞋；在擺著福貓蘭草坐墊的沙發上坐下來後，主人端上的不是哭哭貓茶杯、就是黑貓咖啡杯或幸福貓清酒組；在客廳瀏覽一番，便會看到牆上的村松誠嘟嘟貓拼圖、生活工場搖尾巴黑貓掛鐘、卡拉貓面紙盒，以及酒櫃裡來自日本、歐州或巴里島的貓收藏；如果有興趣參觀一下臥室和書房，更會看到Kitty貓的成套寢具和書櫃裡一排排的貓咪藏書……雖然，這些對國內許多經營多年、卓然有成的貓咪收藏家而言，只是九牛一毛、不足為奇；但對一般人來說，已足以頻頻咋舌、嘖嘖稱奇：「哇！妳家連窗簾都是貓啊！」「慧文！我可以叫妳貓痴嗎？」

　　的確，從國中起受老師影響、對寫作發生興趣、曾說「文學是我的第二生命」的我，自從大學畢業那年養了貓後，就像是中了蠱般，不但養了一隻又一隻的貓，還寫貓、讀貓、成立貓咪網站，如

今，說「貓咪是我的第一生命」真是一點也不為過，因為，我實在無法想像沒有貓咪相伴的日子；我感謝貓咪，牠們的的確確豐富、美麗了我的生命。

把「貓咪」和「文學」這兩個「最愛」連結起來，一直是我的夢想；曾有人問我「如果中了樂透彩頭獎要如何？」我不假思索地便說：「成立貓咪文學館」，說真的，我連圖書館的兒童閱覽室、視聽館……都規劃好了呢！當然，這在目前只是不切實際的夢想，不過，窮人有窮人的作法，夢想也可以是構想：首先是「貓咪文學館」(http://tw.club.yahoo.com/clubs/CatsLiterary)這個網站的成立，在這裡有不少同樣愛貓又愛文學的網友提供資料、加入討論，而我為了充實這個網站，也不時地有介紹貓咪文學的文章發表，後來承蒙台灣新生報副刊主編劉靜娟小姐的青睞，新闢一「貓咪文本」專欄供我每個禮拜日一系列地介紹貓咪文學，雖然這個專欄後來因台灣新生報副刊的廢刊而夭折了，但其餘文章仍陸續在其他媒體發表，並積少成多，有了這本書的誕生。

雖然在我看來，貓咪文學浩瀚無邊，本書所能概括的只是冰山一角；但有不少朋友剛聽說我的寫作計劃時，卻露出遲疑的表情：「有關貓的文學作品真的有那麼多嗎？」甚至有人好心地勸我：「不如妳其中一章寫貓，其他各章分別寫狗哇！兔哇什麼的，這樣比較能湊到一本書吧？」但是，我相信各位讀者翻閱這本書時，除了覺得「有關貓的文學作品原來這麼多哇！」一定也會依個人的

閱讀經驗、或多或少地發現：「咦？我還看過一本XXX是跟貓有關的，卻沒有被收錄呢！」貓咪文學，的確比我們想像的更多、更值得被討論，這本書只是一個初步的嘗試，希望日後有更多人投入欣賞貓咪文學的行列。拋磚引玉，以俟來者。

感謝愛貓作家心岱小姐、「壽司貓傭懶地帶」版主Meiya的撥冗贈序，以及畫家小P清新秀異的插圖，為敝作添色增彩；謝謝美眉和呆呆——我家的兩隻波斯——給了我許多靈感、陪伴我度過深夜寫稿的時光；謝謝經常光顧敝站的網友，你們對貓咪與文學的熱情激勵了我；最後，謝謝各位讀者打開了這個迷你的「紙上圖書館」，和我一起走進貓咪文學的世界。

[作者介紹]

陳慧文，1973年出生於臺灣花蓮，畢業於國立師範大學國文系、清華大學中文研究所，任教於台北縣立福和國中。家中飼有兩隻可愛的波斯貓，是名副其實的貓迷，著有散文集《貓言貓語》（文學街出版社，2000年）、《窩藏貓咪圖書館》（天行社，2001年），是「喵喵小站」（http://myweb.kingnet.com.tw/happyscorpio）及「貓咪文學館」（http://tw.club.yahoo.com/clubs/CatsLiterary）的站長。

愛讀書的貓

小P

　　我愛貓，從小就希望能養貓，於是在大學四年級開始養貓，也是我的第一隻貓，牠的名字叫做「Bubi」（念起來像閩南語「肥」的發音）。牠讓我領養來時已經是兩歲已結紮的大公貓，從此一個女子與一隻肥貓開始了往後的生活。Bubi可不是普通肥，而是超肥，常常懷抱牠的結果，練就了我一雙強有力的手臂；牠是一隻敏感體貼的貓，喜歡陪伴人，也會鬧情緒；常常在我跟前跟後的像小狗，總喜歡在我被窩上或枕頭上睡覺，若是晚了點回家，房間裡沒亮燈，牠便要鬧情緒的上演被窩尿尿絕招，搞得我不知道是該氣還是笑。於是這也是開始在夜裡打開白色檯燈，這樣 Bubi就會以為燈亮有人在，而我也習慣了開盞小檯燈才能睡覺，朋友則笑說我們真是兩隻超怪癖的貓。

　　Bubi 喜歡書，真的！當我在書桌前閱讀，牠總喜歡窩在一旁陪伴，或者是書本攤開，牠會用牠那一雙肥壯的前腳，按著書本的一角，像是個守護書的使者；再不然就是乾脆將整個身子都壓到了書上去，燙平的功力絕不輸給熨斗呢！愛書的Bubi 就是這麼

一回事，但牠看不看得懂書中的內容，這又是另外一回事了吧，「貓」曉得！

小P也愛書，書架上有一排的「貓專屬」的書區，不管是閱讀的、插畫的、書名有貓的，或是知識的、休閒的、工具的，都小心翼翼的被擺放保存著，但這些書也不是就這麼被我供了起來，它們常常兩三本或整疊被我搬到床枕邊，而我喜歡在每晚睡前翻翻這些書，看著看著有時候還會「呵呵~」的笑了出來。

關於小P與Bubi的小故事還有很多，但如果你知道愛貓的人一旦聊起貓，就要說上三天三夜沒完沒了的。

閱讀有「貓」的書，已是生活中極重要的事，但書籍數量之廣之多，從茫茫的書海裡撈到貓書，有時真不是一件容易的事，可是慧文竟然有此毅力與耐心，不但讀了貓書，還要把它寫下心得並且分類記錄，這還是國內第一人。曾經慧文送我一本《窩藏貓咪圖書館》，在我閱讀之餘，便感覺到自己所收藏的貓書竟是如此不足，於是收藏與閱讀貓書的心情也變得更加熱切。

很高興慧文的《貓咪文學館》的出版，這本書像是個導航，一定能讓讀者再次進入更多更豐富的貓書世界。這次能幫慧文繪製這些插圖，是我對貓書也希望能有一份貢獻的心力；這只是個開端，但愛貓會繼續長長久久下去，養貓、讀貓、畫貓、生活貓、信仰貓、以貓為榮，將是我無怨無悔的終生職志。

 [繪者介紹]

小P，十足的貓癡，不論說什麼寫什麼做什麼都會扯到貓，畢業於國立台北藝術大學美術系，現為文字與插畫工作者，喜愛生活DIY，作品刊於國內各報章雜誌。catdiy@cat-sky.idv.tw

Contents...

喵嗚詩歌坊

喵嗚散文閣

喵嗚小說樓

Contents...

喵嗚繪本室

喵嗚童書房

喵嗚視聽間

喵嗚詩歌坊

懷舊憶往──胡適〈獅子〉

> 獅子蜷伏在我的背後，
> 軟綿綿地他總不肯走，
> 我正要推他下去，
> 忽然想起了死去的朋友。
> 一隻手拍著打呼的貓，
> 兩滴淚濕了衣袖：
> 「獅子，你好好的睡吧。──
> 你也失掉了一個好朋友。」

～胡適〈獅子〉

　　1917年胡適在《新青年》發表〈文學改良芻議〉，提出八項主張，提倡白話文學，拉開了文學革命的序幕。胡適的新詩強調「俗話文學」、「經驗主義」，雖然現在讀起來太過平鋪直敘、毫無想像空間，簡直像分行的散文；但在白話文學的發難期及萌芽期，這樣清爽乾淨、毫無粉飾的詩，和某些流於風花雪月、陳腔濫調的舊詩詞相較，的確呈現出全然不同的嶄新面貌，在教育不普及的當時社會，達到「童子曉唱、老嫗能解」的目的；雖然讓許多保守衛道之士口誅筆伐為離經叛道，卻也讓許多文壇新秀在白話詩的旗幟下前仆後繼。五四文學革命的成功，胡適實厥功至偉。

　　這首〈獅子〉乍看來平淡無奇，細讀下卻能感受到作者睹物思友的憂傷心情。「獅子」是胡適的摯友徐志摩生前送他的愛貓，本詩寫於1931年12月4日，距離徐氏空難不到一個月。作者本來嫌這隻貓躺在身後防礙活動，想把他趕走，突然想起這是他那英年早逝的好友，在他身邊最活生生的紀念，「愛屋及烏」的移情作用，使他對這隻貓更多了一分憐愛。貓咪可能並不知道，他以前的主人、後來也常來家裡拜訪的那個人，已經與世長辭了；但從貓咪那無精打彩的模樣看來，或許也在納悶、想念著那位熱情豪爽的朋友怎麼那麼久沒來了吧？此時呼呼大睡的貓咪，竟像是能與作者同病相憐、彼此撫慰。貓咪無言，卻伴著作者渡過了最傷心的時光。

　　有些人原本並特別不喜歡養寵物，在不得已的情況下——如小孩吵著要養、好友相託或贈與——才姑且養之，養著養著就養出了感情，因為他總是默默地陪伴著我們，渡過每個或喜或悲的憂歡時分；午夜夢迴之際，望著床腳睡成一團的貓咪；想到多年前這是某某人的禮物，或是和某人逛街買的；想到青澀的年少歲月，社會新鮮人的打拼過程，乃至成家立業、結婚生子等等，多少歲月我們一同走過；從宿舍搬到公寓、再搬到別墅，小貓也漸漸成長為大貓、甚至老貓，一幕幕的陳年往事浮上心頭；而寵物永遠不會嫌人嘮叨囉嗦，的確是懷舊憶往的最佳良伴。

（2000.12.1　青年日報副刊）

[喵語錄]

貓是好家人也是好情人。

～～(台灣)吳淡如，作家、電視節目主持人

童心未泯──楊喚〈貓〉

凝固了的生活是寂寞的。
妳來了，給我以溫柔的回憶。
妳的同類中有一個是我的好友，
她和我曾共度童年的美麗。
但，今天，妳的殷勤的造訪是惱人的，
因為他們拒絕再給妳我以
天真的故事，昆蟲和玩具。

~~楊喚〈貓〉

　　讀了〈夏夜〉、〈水果們的晚會〉、〈童話的王國〉等天真、燦爛、熱鬧、溫馨的童話詩，或許會以為未滿二十四歲便因故辭世的詩人楊喚（本名楊森），生前是個熱情開朗、快樂無憂的陽光少年，有著美滿的家庭和幸福的童年，才能寫出這麼活潑可愛、童心未泯的詩句；然而事實卻恰恰相反：母親早逝，童年失歡，使他成長為一個多愁善感的憂鬱少年，但他並未因此怨天尤人，反而由於自己的不幸，而更加關愛兒童，希望用他的奇思妙筆為兒童描繪出更寬廣、更甜蜜、更多彩的國度，而不致像他的童年那般窒悶、苦澀與蒼白；這藏在亮麗詩篇背後的真摯血淚、和那滿腔無私的愛，是多麼令人動容！

　　在〈貓〉這首詩中，我們可以一窺詩人寂寞的心，也可

以看出他對童年的懷念、對成人世界的批判。從他的傳記中，我們知道他自幼即飽受繼母虐待，父親又是個缺乏責任感的酒徒，他曾自稱是「被眼淚餵養大的」；但是和成年以後呆板僵化（凝固了）的生活比較起來，他仍形容童年是「美麗」的，因為每個兒童都有一種「超能力」——無邊的想像力，可以編織動人的故事，可以和動物、昆蟲、玩具做朋友，因為在孩子心中，牠（它）們都是有生命的、可以對話的；尤其是貓咪的陪伴，使他即使沒有親情的溫暖，也不覺寂寞。但是，隨著年齡的增長，這樣的「天真」卻一點一滴地流逝了；究竟是什麼剝奪了這可貴的「天真」，是什麼拒絕再給成年後的我們滋養心靈、活化生命的「故事，昆蟲和玩具」呢？詩人也說不上來，只能說是「他們」，這個非特定對象、難以明說的「他們」，或許是成人世界刻板的常識、理性、教條和生活的殘酷、忙碌、現實，使人忘了童話世界的美好吧！

　　雖然我們總有一天會知道：聖誕老公公是爸爸裝的、月球上並沒有嫦娥，但我們並不必因此忘記：美妙的童話、可愛的動物、有趣的玩具，曾經（現在也可以）帶給我們許多歡笑，為我們在現實生活之外，創造出能讓想像盡情飛翔的夢幻世界，多陪孩子玩耍，聽聽他們的童言童語，對萬物多一份同情同理之心，也許就能一點一滴地找回，那能讓人打心底真正快樂的、單純的赤子之心。

（2003.7.14　人間福報）

[參考貓書]

《貓對鏡》，陳黎著，九歌文庫，1999.6.8。

疼愛憐惜——紀弦的〈祭黑貓詩〉

> 歸來喲！踏著寒冷的幽冥土，以你霧一般的腳步，
> 快回到我的懷抱裡來吧：我已著上冬季適用的絨畫衣
> 了。歸來喲！我是正在張著兩臂，用啞了的聲音呼喊
> 著你的名字，一面流著眼淚，我心寵的貓咪喲！在這
> 裡，有牛奶和沙丁魚：是你生前最喜好的美味。歸來
> 喲，幽魂！歸來喲，幽魂！

> ～～紀弦〈祭黑貓詩〉

　　台灣當代著名詩人紀弦，於1952年寫的這首〈祭黑貓詩〉，雖被某些人評為過度激情、流於叫囂，但這種悲慟已極、未及修飾的真情流露，正是祭文這種文類的感人之處。

　　本詩在語言和形式上，脫胎自古典文學的招魂句式，並轉化為現代散文詩的形式，可說是融古今於一爐、令人耳目一新的嘗試。首句的比喻來自美國詩人卡爾‧桑德堡（Carl Sandburg）的名詩〈霧〉（Fog）中的句子：「霧來了／以小貓的腳步」，桑德堡以貓的輕悄無聲比喻霧的幽茫寧靜，而紀絃則反過來以霧喻貓；貓咪走動本就無聲無息，其亡魂的逍遙想必更加空茫迷離，在愛貓的祭典上，亡魂悄悄而來、悄悄而去，如霧起、霧散，似有若無，難以捉摸，完全不留一點蹤跡，怎不令思念殷切的貓主黯然銷魂，情何以堪！

　　從詩中我們可以看出，作者平時對貓呵護備至，為了怕貓著涼，冬天一定穿上暖暖的絨毛衣才會抱貓（一般人是把貓當暖爐取暖，作者倒是相反過來了），餵養上喝的是牛奶，吃的是沙丁魚；如今愛貓撒手人寰，再也看不到他投入懷中的嬌態，也看不到他津津有味大啖美食的俏模樣了；在寒冷的幽冥路上，愛貓是否冷了？渴了？餓了？心疼的飼主將一切能想到的擺在壇前，然而流乾了淚、喊破了喉嚨，也無法喚回心愛的貓咪……

　　詩中頻頻以呼告的方式、排比的技巧，反複疊沓，悲傷悼念的情緒一層深過一層，相信每個飼養過寵物的人，都會不禁熱淚盈眶。這使人想起安東尼・聖艾蘇伯里（Antoine de Saint Exupery）的《小王子》（The Little Prince）中，狐狸對小王子說的：「因為你在玫瑰上浪費的時間，使玫瑰對你而言變得重要。」小王子恍然大悟：「一個尋常的路人，會覺得我的玫瑰和別的玫瑰沒什麼兩樣。但是在我心目中，她卻是獨一無二的。因為是我替她澆的水，是我把她罩在玻璃罩裡，是我用屏風把她遮住，也是為了她，我除掉毛蟲。當她抱怨，或是吹噓，甚至是默默無語時，都是我在一旁傾聽，因為她是我的玫瑰。」

　　對一般人來說，貓咪街頭巷尾到處都有、隨便抓都抓得到，但是對飼主來說，自己的愛貓卻是世間唯一、無可替代的。因為他對這隻貓的付出，使這隻貓對他變得重要。世間人事物莫不如此，只有真心真意地付出情感與關懷，才能擁有屬於你自己的「貓咪」（或玫瑰）。

（2001.9.25　民眾日報）

將心比心——紀弦〈貓〉

我的貓，把牠沒吃完的半個小老鼠
很慷慨地放在我的案頭的一隻餅乾碟子裡——
大概是留給我做消夜的吧？
這教我氣得把牠拖過來重重地揍了一頓，
而且使我的房間立刻充滿了D. D. T. 的氣味。
但是顯然牠是不服氣的；
牠用牠的橄欖形的眼睛向我提出抗議：
「如果波特萊爾的狗是對的，
那麼你也就沒錯了。」

～～紀弦〈貓〉

　　台灣詩壇祭酒紀弦，本名路逾，是台灣詩壇的三位元老之一（另兩位為覃子豪與鐘鼎文），也是現代派詩歌的倡導者。他也是著名的愛貓一族，1952年愛貓去世時曾寫下悲慟悽愴的〈祭黑貓詩〉。〈貓〉詩寫於1960年，描劃的是一隻名叫「金門之虎」的貓。《中國當代十大詩人選集》的編者張默評論紀弦的詩「在意象上時呈飛躍之姿，在語法上則常洩示一種喜劇的詼諧。」在這首詩中，我們也可以清楚地看到他的特色：意象的鮮活和喜劇性的幽默。

　　作者的貓很慷慨地把牠的點心（老鼠）分一半給作者享

用，作者不但不領情，還把牠打了一頓，並趕快在房間裡噴D.D.T消毒，不過此舉並沒有讓貓咪心服口服，反而用那會說話的眼神表示了抗議；這隻貓大約在詩人主子的耳濡目染下，說起話來也文謅謅的饒富詩意，含蓄委婉、還用典故，牠認識法國詩人波特萊爾，還暗示牠的主人比起波特萊爾（Ch. Baudelaire）那粗魯的狗好不了多少，像這樣「罵人不帶髒字」、一派斯文又帶點高傲的模樣，的確很像貓的作風。

　　同樣的一句話、一件事、一樣東西，在某些人看來是善意，在某些人看來卻適得其反；「推己及人」並不容易，「推己及物」、「推己及貓」就更難了，其實寵物們某些令人抓狂的舉措，可能並無惡意、甚至是充滿善意的，作者寫這首詩的時候，顯然是在和愛貓發生衝突之後，經過了一番反省，以及和貓咪的一番溝通之後，平心靜氣寫下來的；詩人可能是那種脾氣來得快、去得快的人吧！整首詩讀起來，可以想見作者「當初很生氣，後來想想又很好笑」……那種哭笑不得的心情。「慷慨」、「不服氣」、「提出抗議」等擬人化的修辭，和那兩句拐彎抹角、裝模作樣的抗議之詞，把這隻貓的神態寫得活靈活現，把一件生活瑣事講得趣味盎然，作者如此用心、細心地處理他和貓咪之間的小齟齬（或許對他們來說此事不小呢！）令人不由得發出會心的微笑說：「這位詩人和他的貓咪感情真好哇！」

（2003.7.14　人間福報）

［喵語錄］

　　當我和我的貓兒一起玩時，牠知道牠和我在一起是否不開心，更甚於我知道我和牠在一起是否開心。

　　　　　　～～（法）蒙田（Montaigne），哲學家

迷離靜淑——蓉子〈我的妝鏡是一隻弓背的貓〉

捨棄它有韻律的步履　在此困居
我的粧鏡是一隻蹲踞的貓
我的貓是一迷離的夢　無光　無影
也從未正確的反映我形象。

～節錄蓉子〈我的妝鏡是一隻弓背的貓〉

　　民國三十八年政府遷台後，蓉子是臺灣詩壇第一位女詩
人，其《青鳥集》也是台灣第一本女詩人專集。《七十年代詩
選》中評論說：「蓉子大部分的作品給予我們的感受是整體的
躍動——一種女性特有的情緒美，一種均衡與和諧的心象狀態
的展露。」

　　關於本詩，作家奚密曾析論道：「鏡子作為女性——尤其
是中國古典女性——最普遍的旁喻（metonymy），貓作為女性
的隱喻」，陰柔的貓常被當作女性的象徵，貓咪本來有著靈動
的步伐，活躍的身姿，但一旦被豢養為家貓，便被天長地久地
局限住了，靜淑而倦慵，像深閨裡的一面妝鏡，無語而單調。
貓咪不斷變換的眼瞳，就像一面粗糙的鏡子，反映不出正確的
形象，卻反映出一片無光無影的迷離幻夢；對攬鏡自照的女人
而言，自我的定位就像貓眼模糊的反照，活的不是真正的自

己、而是他人的投射；而如貓眼閃煥的迷夢究竟是什麼？卻如鏡花水月，永遠看不清，摸不著……

在傳統閨秀詩詞中，常以「畫屏金鷓鴣」之類的意象，以繡在畫屏上、有翅難飛的金鷓鴣，暗喻被困鎖的青春。這首詩中粧鏡與貓的隱喻，亦有如許古典幽靜（禁）的情調，但是將「金鷓鴣」釘在「屏風」上，是將「活物」變成「死物」，而將「粧鏡」轉換為「貓」，卻是將無知無情之物變得有生命、有動感，其「蹲踞」與「弓背」的動作亦隱含蓄勢待發的可能性；貓眼的變化莫測，將單純的鏡面反射、衍繹成萬花筒般疊宕繁複的意蘊；在有限的生命中，擴展無限的視界；使這首詩不僅止於毫無希望的寂寥閨怨，從而營造出超越現實、無窮延展的精神領域。

（2000.12.31　台灣新生報）

[喵 語 錄]

　　養貓會上癮，更會不顧一切地愛上牠，願意為牠做很多的事情。

　　　　　　　　～～(台灣)李志堅，「御貓園」園長

疑惑焦慮──白荻的組詩〈貓〉

突有錦蛾被火烤燒的暴厲在心中迸開。一跳
而伏下來怒瞪著黑夜
檻外的世界癱瘓如墳墓一無所覺
而確實有敵人在移動

～節錄白荻〈貓〉第一節

　　白荻本名何錦榮，其詩勇於實驗、經常展現多樣的面貌，在台灣現代詩壇一直扮演著重要的角色。這首由六首小詩連綴而成、共五十行的組詩〈貓〉，以貓的躁動不安，表現出存在主義式的疑惑與焦慮。

　　正如詩中一再的提問：「而世界你在那裡？」「啊世界，我們誰是真實？」「而誰可在內部照亮著我？」「而誰可在內部呼喚著我？」一連串亙古無解的「天問」，使人就像一隻渺小而敏感、甚至有些「神經質」的貓咪，面對廣大未知的宇宙，面對不可測度的命運，就像置身於伸手不見五指的黑夜，敵在暗、我在明，使人時而膽顫、時而心驚，不由自主地設防、攻衛，卻不知道敵在何處。人生在世，原來如此「如臨深淵、如履薄冰」，呈現出個體與外在世界間的緊繃張力。

　　從第一節到第四節，貓咪對自我的追尋、對命運的頑抗簡直像是一場「困獸之鬥」。直到第五節才「睡下來」、「不安靜地等待著摸撫」。到了第六節，騷動激憤的貓咪竟沉默下來，靜定為一棵樹：「靜默以一棵樹的形象／立在世界的核心以千萬醒覺的枝葉伸開／在宇宙的肺內構成肺脈／收集生命在暗夜中鼓動的一呼一吸」。用靜觀的態度來擁抱宇宙，個人生命和生存空間交織為一體，以和諧共存代替緊張對立，以正是作者企圖對人生困境提供的突破解脫之道。

　　詩中透過貓咪敏銳的雙眼及緊迫的動作，表現個體對自我的懷疑、及對命運的驚懼，卻不陷溺在西方存在主義的孤絕無望之中，而以中國的天人合一觀為圓融與超脫。第一節中讓貓咪受驚的「假想敵」並非存在於外界，而萌發於自己的心中。排除了心中的假想敵，個體不再是一個個冷漠疏離的存在，世界也不再充滿陷阱；個體生命成為大環境的一部份，在大自然的襟袍裡，順著宇宙的脈膊、平和地呼吸，像一隻熟睡的貓咪。

（2000.12.31　台灣新生報）

巧構繆思——陳黎的〈貓對鏡〉

> 我的貓從桌上的書躍進鏡裡
> 它是一隻由膠彩畫成的貓
> 被二十世紀初某位閨秀的手
> 在一位對窗吹笛的仕女腳旁
> 我把書闔上　按時還給圖書館
> 而它依舊在鏡裡　在我的牆上
>
> 　　　　　～節錄陳黎〈貓對鏡〉

　　陳黎是臺灣當代傑出的中生代詩人，其詩作對文字的掌握敏感而醇熟，經常賦予新穎的詮釋和詩趣，在極小的空間內容納龐大的內涵。這首〈貓對鏡〉正道出了作者的詩觀、創作觀，正如作家奚密所說：「陳黎的貓不是寫實的，而是個人想像力、靈視力的象徵。」詩人看世界的角度和方法，並不強調科學與實際，而是如貓眼凝視鏡裡的世界，是無限變換重組延伸的超時空境遇。

　　詩人在〈貓對鏡‧後記〉中提到，〈貓對鏡〉（The Cat at the Mirror）是法國畫家巴爾蒂斯（Balthus, 1908~）三幅同名畫的名稱，畫中一位裸體或著裝的少女持鏡於室內，一隻貓在旁邊。透過貓眼的閃爍奇幻，及鏡面的對照投射，原本幽閉有限的室內空間，就像開了一個「靈魂的出口」，通往無邊無際的

異次元空間。

詩中的貓從作者借來的畫冊中，跳進書房牆上的鏡裡，書還給圖書館了，貓還待在鏡裡，伴著作者讀書寫字，並伺機跳回桌上，跳進作者的詩中。這隻貓並不是真正的貓，也不再是畫家筆下的膠彩，而是經過繆思女神的轉化再轉化，成為一種透視巧思的玄妙靈光，窺視或參與著詩人的閱讀與創作。這隻貓只可意會、難以言傳，卻比具體的貓或畫冊更真實永恆地存在著。

當貓對鏡時，所看到的不是物象的直接再現，而是各種意象的鑲嵌與衍生。詩人所建築的文字迷宮，亦不是原封不動地搬移現實，而是意義符號迂迴巧妙的重新建構，創造迥異於常識常態的文字場域。

本詩雖然如同作者的「創作自述」，對讀者而言也是很好的「鑑賞理論」。許多人常抱怨「現代詩看不懂」，其實詩人所看到及構築的，是非關常理及邏輯、甚至故意將常識理則打破再拼湊的另類領域，欣賞新詩與其絞盡腦汁於字面的「解讀」、「轉譯」，弄得焦頭爛額、充滿挫折感，不妨假想自己是隻自信而自如的貓咪，悠遊於形上形下之間，在詩的國度裡，在跳躍的詩句、流動的意象、交錯的時空中，來一場近乎「脫線」的「鏡中探險」，那將是一場超越現實、「靈魂出竅」的奇妙旅程。

（2003.12.18　更生日報）

【喵語錄】

世界上有兩樣東西，達到了美學上的完美
——鐘和貓。

～～（法）亞倫（Alain），哲學家

貓咪文學館
Cats Literary Library

京華倦容──林彧〈貓〉

你的瞳孔善於訴說
你的悲哀與疲倦：親親
緊偎著我，行嗎？親親，
站長閒適的步伐
正剪裁著你的視線，輕輕
行人來來往往，今晚
誰是心靈的食物

～～林彧〈貓〉

　　貓被認為是一種圓滿自足的動物，但是當牠在暗夜睜著看似空茫的大眼，遊走在都市邊緣搜尋著獵物，總讓人不由得聯想到失眠、想到飢渴；畢竟在深夜覓食這個對貓來說再自然不過的事，對人來說卻是違反了睡眠與進食的常態，是不飽足的象徵，也是孤獨與疲倦的象徵。

　　這首〈貓〉收錄於1986年出版《單身日記》中的輯三，與另一首〈D先生〉對照來看，就更能領略詩中的含義了：

> 「他脫掉睡袍，走在月巷/踢到一個鋁罐，空空地/響著，可能是水果，可能是/魚卵罐頭，曾經壅塞現在卻是空的。什麼都被吃光了/只有我的神經線還被撥絞著/誰都飽足了，只有我餓著/餓著與他們被擠在罐頭裡。他想」

[喵語錄]

貓兒全身上下都易於引發人類對夜的聯想。
～～（台灣）王文娟，《光華》雜誌社作家

　　每當華燈初上，都市裡氾濫成災的繁絃急管、燈紅酒綠、聲色犬馬，拼命地填塞著、餵養著眾多的失眠人口，但是，身體的渴容易解決（甚至可能吃到撐、吃到膩、吃到吐），靈魂的渴卻不是這些所能滿足的。在車水馬龍、人來人往的都市叢林中，人們對面不相識，彼此的存在，就有如遊走街頭、沒有名字、遑論來歷的流浪貓，自我被大環境吞噬、掏空，貓眼透露的悲哀與疲倦，正是大都會小人物的悲哀與疲倦；貓咪「緊偎著我，行嗎？」的問句，暗示了都市中人際關係的疏離，難尋一絲溫暖；饑餓的流浪貓在路邊看著行人來來往往，卻鮮少有人願意停下匆忙的腳步；饑餓的都市人滿街漫遊、忙著找東西來餵飽自己，但往往是失敗的，詩末一句「誰是心靈的食物」是個難解、甚至無解的命題，有的人並不知道自己缺的是「心靈的食物」；就算知道了，也未必知道「誰是心靈的食物」；就算這也知道了，也未必找得到。

　　本名林鈺錫的詩人林彧，是繼羅門之後，擅於表現都市精神的第二代都市詩人；余光中曾說他的詩「用生動的形象演出他這一類青年的恐閉症和無奈感，以及在人群的壓力下力圖保持個性的慾望。」這首〈貓〉收錄於1986年出版輯三，作者在《單身日記》的後記中說：「在本書輯一列輯三，大多是近三年來的作品，內容以現代都市人生活為主」，可見詩題雖是「貓」，其實是藉貓的眼睛、貓的形象，反映都市人心靈的貧乏和無力感。

（2003.7.15　人間福報）

朝氣蓬勃——林建隆〈貓〉

> 追逐在
> 屋頂，抓破紅瓦
> 初春的利爪
>
> 　　　　～林建隆〈貓〉

　　曾流浪六年的流氓教授林建隆，對街頭貓狗流離失所的滋味感同身受，不但主張「天賦動物權」、鼓吹愛護動物，也以「眾生平等」的精神觀照萬物，寫下許多以動物為主體的詩篇，並集結為號稱台灣文學史上第一本動物詩集的《動物新世紀》。

　　收錄於《動物新世紀》的〈貓〉，雖然只有短短的三行，卻短小精幹，如貓咪般輕靈巧妙，將貓咪的活潑靈動、春天的朝氣蓬勃栩栩如生地表現出來。「追逐」與「抓破」兩個動詞，十足表現出貓咪特有的動態。全詩是個倒裝句，先出現動作，最後再點出主體「初春的利爪」（即「貓咪」的借代），更顯出貓咪動作的矯健迅捷，使人先看到某物倏忽奔過，繼而才判斷其為貓咪。精緻簡潔的字裡行間飽含著原始、野性的生命力道。

　　詩中所描寫的貓咪可能是一隻、也可能是兩隻以上，應該是經常飛簷走壁的野貓或半野貓，初春暖和的天氣，正是貓兒活動的時刻，貓咪之間的爭逐，可能是雄貓對雌貓的追求，也可能是雄貓間的爭女友、搶地盤，無論如何，牠們可不是在人類屋簷下、飯來伸手、茶來張口、連結婚生子都等著人替牠配種的家貓，而是需要憑自己的膽識與身手去爭一口飯吃的；對人類來說，這些「化外之貓」是具有破壞性的（抓破紅瓦），但牠們強悍的生命力卻足以振奮人心。和被馴化的貓咪比起來，牠們更能踰越所謂文明的「規矩」，更能磨練出卓越的謀生能力，如奔跑的速度與銳利的尖爪。

　　一般的知識份子，難免有點像隻養尊處優的家貓，長期待在書齋中著書立說，倒有點忘了在陽光下灑下汗珠的滋味。這麼說來，曾經是「流氓」的「教授」林建隆倒有點像是隻曾經流浪街頭的貓咪。這也是他那一篇篇歌頌自然、描寫野生動物的詩作讀來都如此有味道、有力量的原因之一吧！

（2003.2.6　人間福報）

敬人敬己──艾略特〈對貓兒的態度〉

(The Addressing of Cats)

你鞠躬　你脫帽
這樣　來稱呼牠
「啊，貓！」
……

貓有權期待
這些尊重的表現

~~節錄艾略特〈對貓兒的態度〉

　　一般人（有虐待狂的另當別論）會輕視動物、虐待動物、
羞辱動物，大概都是出於一種人類的自大，不曾設身處地地
去體會「對方」的感受，覺得對方不過是頭腦簡單的貓狗、畜
牲，怎麼能把動物當成平起平坐的「對方」去推心置腹、將心
比心呢？簡直是「不倫不類」嘛！當初白人屠殺印第安人、販
賣黑奴，也是出於這種把「對方」視為「非我族類」的「劣等
物種」的自大心理。他們無法想像：對方也有複雜的思考和細
膩的感情，也是一個獨立的生命，是有權被尊重的。

　　1948年的諾貝爾文學獎得主，開現代西方一代詩風的先
驅，著名的英國詩人、文學評論家、劇作家艾略特（Thomas
Stearns Eliot, 1888-1965），是個不折不扣的愛貓人士，《老負
鼠講講世上的貓》（Old Possum's Book of Practical Cats）共收

錄十五首詩，介紹十三隻風格各異、趣味橫生的貓，書名中的「負鼠」（possum）就是艾略特的外號，在詩集前言中的作者簽名就是「老負鼠」（O.P.）。英國作曲家安德魯‧洛伊德‧韋伯（Andrew Lloyd Webber）根據這本詩集譜出了膾炙人口的音樂歌舞劇《貓》（Cats）。在《貓》劇的最後，由長老貓（Old Deuteronomy）演唱給場外聽眾，表達貓咪心聲的那首動人的歌，就是原詩集的最後一首〈對貓兒的態度〉（The Addressing of Cats）。詩中告訴大家：其實貓和人類沒什麼不同；各種各樣的貓兒，和人一樣各具面目，各有各的特點和喜好、習慣與棲息之地，也都很認真地在工作和玩耍、在過著每一天；而且，貓比狗更具有獨立性和自尊心，詩中強調「貓不是狗，貓就是貓」（a cat is not a dog；a cat is a cat）；所以，要得到貓兒的尊敬，首先要尊重牠們，不可等閒視之。

任何生命，尤其是有格調、有尊嚴、能活出自己且不妨害他人的生命，都是值得被尊敬的，踐踏、輕忽、奴視一個具有高度自尊心的生命，是一件極為殘忍、惡質的事，而且我覺得那麼做，真正被貶低、降格的並不會是對方，反而是行為惡劣的人本身。每一隻貓咪，不論是光鮮亮麗如明星的，還是毛色雜亂如乞丐的，都有牠們美麗而莊嚴的感情與生命。「敬人者人恆敬之，愛人者人恆愛之」，這句話不僅適用於人與人之間的相處，在人與貓咪、乃至自然萬物之間也是如此啊！

（2003.7.15　人間福報）

[喵語錄]

自命不凡是貓發明的，牠們渾身上下沒有一根骨頭會缺乏安全感。

～～（美）愛瑪‧龐培克，作家

喵嗚散文閣

黃昏之戀──梁實秋〈白貓王子〉

　　著名的文學評論家、散文家、翻譯家梁實秋，被譽為是台灣文壇「主帥」。七十三歲時不幸喪偶，悲慟之際寫下了感人的《槐園夢憶》一書。當時遠東出版社的老闆是梁實秋的多年老友，以校對該書為名，邀梁實秋回台散心。梁實秋在台此偶然遇見比他小三十歲的歌星韓菁清，竟然陷入熱戀。那些正沉浸於《槐園夢憶》淚水中的讀者得知此事，頓時掀起新聞風暴。梁實秋的學生們甚至組織「護師團」，堅決反對老師此一婚戀，以免老師「晚節不保」。

　　梁實秋的第二春雖然在當時備受非議，但從他晚年的一些散文作品看來，他與夫人韓菁清的婚姻生活的確相當和諧愜意；事實上從他再婚，到八十五歲（1987年11月3日）因心肌梗塞發作病逝台北，這一段不算短的歲月伴著他始終保持一顆年輕、幽默的心，精力無窮、創作不輟的，除了夫人韓菁清以外，「白貓王子」應也功勞不小。

　　從〈白貓王子〉一文看來，韓菁清是個對小動物極富愛心的可愛女人，經常收留落難的小鳥、貓狗等，其中大多在治癒後就放生或送人，只有「白貓王子」真正與他們結下了一輩子的緣。這隻白貓是在一個風狂雨驟的夜晚，被韓菁清抱回家的。此貓相貌頗不俗，渾身雪白，尾巴短而彎曲，裡面的骨頭

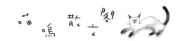

是彎的，永遠不能伸直，據獸醫說是「麒麟尾」，一萬隻貓也難得遇到一隻，封為「王子」，良有以也。

白貓王子的確不好伺候，從文中看來，梁實秋夫婦每天為牠買魚、烹魚、梳洗、清理便盆……真是忙得不可開交，卻也不亦樂乎；想起曾看過一個醫學報導，說養貓的人平均壽命較長，因為貓咪文靜優雅的模樣可安定人心，每天「伺候」貓兒子也可維持一定程度的運動量。從梁實秋高壽八十五，且直到臨終幾年創作量仍頗為可觀的情形看來，此言不虛。「貓兒壽命有限，老人餘日無多。『片時歡樂且相親。』」梁實秋這幾句話，寫盡了他晚年與「白貓王子」相互依伴的深厚感情。

梁實秋與韓菁清的黃昏之戀是可遇不可求的，也未必人人適合；不過他和「白貓王子」之間的「黃昏之戀」，愚見倒是值得效法；現在流行小家庭，抱持獨身主義、或主張做個「頂客族」（結婚但不生子）的也不少，將來老人獨居的情況恐怕有增無減；一隻貼心的貓兒，的確可為平靜的晚年生活憑添不少溫暖、歡樂與生機呢！

（2003.3.7　青年日報）

[參考貓書]

《白貓王子及其他》，梁實秋，
九歌文庫，1991.1.15。

千姿百態——心岱《溫柔夜貓子》

　　貓是玻璃做的——牠那清澄剔透的雙眼，一方面是人類永遠無法進入的未知領域，一方面又彷彿能帶人進入海闊天寬的想像世界，在無法用文字或圖象表述的太虛透明中神遊。

　　貓是骨瓷做的——既淒冷，又叫人驚豔。牠看似冷傲，其實需要小心呵護，否則碎了一地，就很難再找回原先的完美。

　　貓是景泰藍做的——靈秀、魅麗，在靜夜裡、燈光下，透著一股鬼魅的藍調，令人目眩神迷……

　　美國作家羅伊德·亞歷山大（Lloyd Alexander）曾說：「貓兒們給我們的印象其實是經過我們想像而成的豐饒意象。」這句話很可以做心岱的《溫柔夜貓子》這本書的註腳，這當然不是說貓咪本身並不像人們想像的那麼風情萬種，正如心岱在書中所言：「『貓』這樣一個生物，若非本身實在具備太多的特性，如何能被專家、學者、藝術家極盡貼心的專注，並發揮到如此地步。」

　　著名的貓作家、「愛貓族聯誼會」及MAO貓雜誌創辦人、「台灣貓節」發起人心岱，也是一位貓咪收藏家；因為愛貓，她與活生生的貓咪同居還不夠，還收藏了成千上百的貓咪飾物、書籍、圖片等，這些珍貴的貓咪文物，有些是友人相贈，有些是她千里迢迢從海外帶回來的，在《溫柔夜貓子》中，介

紹了各式各樣的貓收藏，除了介紹它們特殊的材質、造型外，也述說了它們背後的故事、它們帶給作者的感受，透過作者累積多年的「貓」經驗，以及對貓哲學、貓美學的領悟及鑑賞，使我們對貓咪所能涵蓋、衍生的豐富意象讚嘆不已。

　　在作者的心目中，這些貓物都不是無知無情之物，而是有感情、有生命的，就像一隻隻有靈氣的貓兒。如果物品放錯了位置，她會體會到它的侷促、窘迫；如果放對了地方，她會感到它的滿足、適意。欣賞美的事物，其實也沒有什麼大學問，就是這樣專注、投入地用心去觀照、去凝視、去感覺。心岱如此用心地，讓她家裡的每一隻貓、每一件貓收藏，都有最恰如其分的位子，她自己也變成了一隻「溫柔夜貓子」，在貓咪的溫暖小屋裡，愉悅地看著、寫著、說著貓咪的千姿百態。

[參考貓書]

《溫柔夜貓子》，心岱著，時報，1999.7.5。
《貓來貓去》，心岱著，幼獅文化，1997.4.1。
《貓咪博物館》，心岱著，果實，2000.3.28。
《貓的秘史》，心岱著，愛麗絲書房，2002.7.1。
《貓迷說—現代實用寵物學》，心岱著，時報，1992.10.30。
《貓事件》，心岱著，皇冠，1992。
《貓的情事一、二件》，心岱著、邵婷如繪，漢藝色研，1991.8.15。

膽小可愛──小野《鋼琴貓的偉大事業》

　　小野《鋼琴貓的偉大事業》中的貓有個特別的名字，叫做「皮亞諾‧尤達」，其中「皮亞諾」就是英文「鋼琴」（piano）的意思。難道這是一隻會彈鋼琴、或是會隨著鋼琴音樂高歌一曲、音樂素養極高的貓咪嗎？看到封面上那隻拉著提琴、渾然忘我地沉醉在美妙音符中的貓咪，大概許多人都會做此聯想……

　　但是打開扉頁，讀了第一篇〈漫步在雲端的皮亞諾‧尤達〉，就會恍然大悟：原來這並不是什麼傳奇性的貓咪童話或神話，而是敘述一隻灰白相間的小波斯貓的故事，牠在兩個月大的時候來到小野家，因為怕生，就躲在鋼琴後的縫隙中，那兒儼然成了牠的窩；又因為牠的臉又扁又皺，像極了星際大戰中的老先知「尤達」，所以就被喚做「皮亞諾‧尤達」了。

　　換句話說，《鋼琴貓的偉大事業》中的貓並不是什麼「超能力」貓咪，而是隻普通的膽小貓──但是這麼說，也有點不對，因為在每個飼主的心中，他們的寵物都是最特別、不凡的，否則怎麼會有「偉大事業」，又怎麼值得為牠著書立傳呢？

　　皮亞諾的可愛，搭配上小野式的幽默，使這本書成為一本風格獨具的愛貓小品──灰白的毛色，被說成是喜歡穿大地色

系的衣服、展現有錢有閒調調的「科技網路新貴」；抓壞、弄濕了作者的文稿，被當成是嚴格的「品管」；貓咪佔地盤的習性，被想像成想當「虎豹小霸王」；貓咪不斷把電扇的電源關掉，被美名為「核能終結者」……

　　一本專為某隻動物寫的書，如果能寫得活靈活現，讓讀者覺得牠好像就在眼前、在四周吃喝跑跳，並讓人由衷地覺得：「好可愛呀！」甚至有股想摸摸牠的衝動……這本書就算是成功了；這一點，《鋼琴貓的偉大事業》顯然已做到了。不多說了，還是讓我們「回歸原典」吧！

（2002.10.26　人間福報）

[參考貓書]

《鋼琴貓的偉大事業》，小野著，麥田，2001.6.27。

情場小兵——孟東籬〈跩公貓調情記〉

　　在佐野洋子著名的繪本《活了一百萬次的貓》中，驕傲的主角貓每次遇到心儀的白貓，都會故意走到白貓面前說：「我可是一隻活過一百萬次的貓喔！」而白貓都只是輕輕「哼！」了一聲，就把頭轉開。後來主角貓改變態度、放低身段，慢慢地接近她，小心翼翼地問：「我們在一起好嗎？」白貓才接受了牠的感情。

　　綠色生態作家孟東籬先生在〈跩公貓調情記〉中所觀察到的公貓，和那隻活了一百萬次的貓頗有異曲同工之妙。孟東籬說：公貓是所有動物中最「跩」、最「死相」的，唯我獨尊、吊兒郎當、目中無人，彷彿全世界只有牠一隻公貓，什麼都沒看在眼裡；可是到了發情的時候，牠卻銳氣全消，極為謙抑、亦步亦趨、一跑一頓地跟在母貓後面，即使被母貓摑了一巴掌，也不敢發作，原先的神氣、自大、不可一世，全都一筆勾銷，反而顯得英雄氣短、自慚形穢了。不過等到發情期過了，牠又故態復萌，「死相」地只顧著睡自己的大頭覺了。

　　的確，再怎麼神氣巴拉、呼風喚雨的大男人、女強人、沙場老將，遇到真正喜歡的人，都會像個手足無措的小兵；不但不再「眼高於頂」，甚至覺得對方委實太可愛、太完美了，簡直「高不可攀」；為了對方的一個眼神、一個有意或無意的

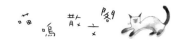

小動作，或喜或悲、魂不守舍；心甘情願地被牽著鼻子走，失眠、淋雨做了多少傻事，什麼面子、原則全都置之度外了。

　　不過，等到這情場的風詭雲譎、迂迴曲折過了，白馬王子與白雪公主結了婚，心平氣和、理所當然地過著日子，許多人也許就忘了當初暗戀對方時自己可憐兮兮的模樣，甚至開始挑剔對方也不一定。這時如果想想當初那種「不確定」的心情，就會發覺現在的「確定」其實不是那麼理所當然，那麼就會更加感謝、珍惜這得來不易、目前擁有的幸福了吧！

　　　　　　　　　（2003.3.7　青年日報）

視如己出──曹又方〈走失一隻貓〉

　　一般人可能會認為：貓咪再怎麼貼心、可愛，終究是貓，是不能和人相提並論的。但正如知名作家曹又方所說：「世界上存在著許多愛動物不亞於愛人的人，我便也是這種離譜的人之一。」從她的文章中看來，她對愛貓費兒Phil的用心的確不亞於對親生子女。

　　費兒是曹又方在美國羅格斯大學居住時領養的一隻深灰色的俄羅斯藍貓，他們彼此陪伴、依偎著度過許多個美國東部酷寒的冬日；曹又方曾為費兒寫過一篇〈公開的情書〉，綿綿密密的情感與思慕真會讓不知情的人誤以為是寫給戀人的呢！平時，貓咪深鎖寓中，曹又方擔心這是一種不當的佔有，所以讓友人帶費兒到允許攜帶寵物的布朗士植物園一遊。這份心思，豈不是和寶貝愛兒、又怕過度保護會限制了孩子的成長，而強忍著內心的不安與不捨送孩子去夏令營、甚至出國遊學的母親出如一輒嗎？

　　不幸，費兒卻在植物園走失了，想到費兒可能遭到的不測，她失聲慟哭，憂心如焚，一天又一天地在植物園不死心地進行地毯式的搜索。那份執著與耐心，也是只有把貓咪當成自己孩子的人才做得到的。母親對孩子的愛怎麼會有放棄的時候呢？奇蹟似的，十三天後，在她不停歇的呼喚下，費兒竟從玟

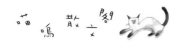

瑰園飛奔而出，重回主人的懷抱。曹又方感恩上天讓這稀有的人間喜劇降落到她身上，其實更稀有的是她為了尋回「愛兒」鍥而不捨的努力吧！

但是，在她自美返台時，不得不把費兒交給「合養人」瑞卡多，後來瑞卡多返國服務，又將費兒帶回巴西，從此，曹又方只能靠照片、書簡、電話來知悉「兒子」的近況。有一年夏天，她還特地飛了三十多個小時，千里迢迢只為看看「兒子」過得好不好。雖然難忍兩地相隔的思念之情，看到牠在南國的樂園身心健康，不得不壓抑住與牠長相左右的自私願望，承認這麼做對牠最好，真誠地祝福牠。想想世間多少痴心父母，也是為了孩子更好的發展強忍著分離的失落呢！

一般人或許會認為把貓狗「視如己出」是很不可思議的，其實如果不是這樣，最好就不要養寵物，只是為了自己一時的高興或寂寞而養寵物，最後往往落得「虐待動物」的下場，曹又方甚至認為「寵物」一詞不妥，應該「把貓狗都視同自己的兒女，當成一家親」，用這樣的態度與動物相處，以「怎麼做對牠最好」為優先考慮，而不是為了自己犧牲對方；這樣，才是真正「懂愛」的人。

（2003.3.7　青年日報）

基督恩賜──崔小萍〈我的老來伴〉

　　四十歲年紀以上的人，對「崔小萍」這個名字一定不陌生。民國4、50年代曾經紅極一時的的廣播巨星崔小萍，在她人生的巔峰、46歲事業如日中天時，因白色恐怖不明所以的被冤枉為間諜，被司法部調查局違法羈押，判叛亂罪入獄，而且一關就是十年寒載！後來獲得平反，崔小萍說，對於過去的冤獄，她沒有怨恨，她靠著上帝渡過了十多年最艱難的日子，而且重新站了起來。

　　在苦寂的牢獄生活中，支持著她的，除了基督的信仰，還有她所說的「基督的另一項恩賜」──一隻淺棕色暹邏貓「咪咪」。說起這咪咪的來歷，還真讓人不得不想到是神蹟；看樣子整潔、不怕人、又係出名種，應該是隻翹家的貓；卻越過了高大的獄牆、重重的封鎖線，鑽進牢籠來，遇到從小愛貓的崔小萍，而且當天正是崔小萍的生日，這樣巧之又巧，真讓人不由得相信這是上帝送給她最棒的禮物呢！

　　牢中本來是不准養小動物的，幸好主管破例開禁，使咪咪得以安居，成為女生班人人疼愛、關注的「寵貓」，使充滿悲情與淚水的囹圄中，難得地出現了笑聲；使刻板的思想改造課程中，還可看到貓咪在教室外陽光下的花叢中活潑地戲耍；對她們來說，咪咪帶來了愛的訊息，帶來了光明的希望。

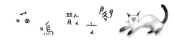

　　貓咪的溫暖、靈動，可以融化最冰冷的世界，可以活化最苦澀的心房。國外的「寵物治療法」，常用貓咪幫助孤獨的老人、兒童、病人，讓他們感受到天真自然的愛與生趣。從崔小萍的見證，可以看到貓咪也美化了服刑人的精神生活。貓咪實在是上帝派來人間的小天使呢！

（2003.3.7　青年日報）

廣結善緣——杜白《葫蘆貓》

　　明星獸醫、怪醫杜立德、寵物教主、還有人把他跟知名的鄉村獸醫吉米‧哈利（James Herrio）相提並論……杜白堪稱台灣最著名的獸醫，原本只是為了女兒「供不應求」的床邊故事而提筆寫作，一轉眼也累積了十多本的著作，《葫蘆貓》是愛貓族一定不會錯過的一本。

　　身為獸醫，每天接觸的小動物一定很多，不過能「登堂入室」坐到「院長貓」的位子的，可就不多囉！這隻母貓名叫咪咪，被人遺棄在杜白醫師的診所前；由於奶水豐沛，餵大了親生及非親生的共十隻流浪小貓；醫師本來把牠養在診所當「超級奶媽」，後來怕她不斷餵奶影響健康，就讓她「退休」了；又怕她假日無聊，就帶回家養；她贏得了全家人的喜愛，順理成章地成為他們家中的一員。

　　和許多愛犬、寵貓一樣，咪咪除了正式的名稱「咪咪」外，還有許多別名：院長貓、愛心貓、城市獵人、XO貓、葫蘆貓等，這些不斷被「發明」出來的暱稱，正可看出主人對寵物表現出的種種姿態、個性是多麼打從心底地喜愛、讚賞著。

　　咪咪之所以又叫「葫蘆貓」，是因為牠的體型就像一個形狀完美的葫蘆。和吉米‧哈利那隻「夜夜交際的貓」很像的，葫蘆貓也常常「不安於室」地到處閒逛，好奇得可說是「童心

未泯」的杜白醫師，有一回頂著大太陽翻牆越室地「跟蹤」在葫蘆貓後面，這才發現葫蘆貓人緣可真好，這家餵牠魚、那家餵牠牛奶，吃飽喝足了，牠「照例」跑到對門老爺爺家的盆栽「如廁」，那位老爺爺還很高興地說葫蘆貓這是在幫他「施肥」呢！

　　人與人、動物與動物廣結善緣，是美好的福氣；人與動物、動物與人廣結善緣，更是難得的福份。下次遇到閒晃到府上的阿貓阿狗，先別忙著拿棍子、發出拒「貓狗」於千里之外的噓噓聲；不妨蹲下來看看牠、摸摸牠，甚至拿點點心招待牠，也許會因此交到一個可愛的狗朋貓友呢！

（2003.9.8　青年日報）

[參考貓書]

　　《疼惜你的貓》，杜白著，幼獅文化，1995.10.30。
　　《一生愛貓不寂寞》，杜白、蔡香蘭等合著，精美，1996.11.6。

自信自如——傅德修《做貓沒什麼不好》

　　貓咪那充滿自信、又怡然自得的生活智慧，是許多貓迷津津樂道的。《做貓沒什麼不好》這本散文集，就是以貓咪的生活哲學為基礎，加上作者傅德修的人生經驗，寫成的一篇篇樂觀進取的勵志小品。

　　作者並不是學院出身的純文學作家，而是一位金融界的菁英，因此他的文章，沒有令人目眩神搖的文學技巧，而是他對週遭生活的實際感觸；作者曾擔任國內外各銀行、證卷公司的分析師、總經理、主管、執行董事等，見識過許多人事，經歷過許多挑戰，他寫下的，正是他的所見所聞、所作所為，其面對人生的態度、處理問題的看法，自有其可觀之處；尤其特別的是，他處處以貓咪的特質為「最高指導原則」，究竟為什麼，值得一探究竟。

　　首先，貓咪是自信的；每個養過貓的人都知道，貓從不向人搖尾乞憐，牠是自己的主人。作者告訴我們，面對人生，我們也應該像貓一樣，作自己的主人；如果我們有這份信心，就可以作金錢的主人、做時間的主人、做情緒的主人，就可以適當地運用金錢、支配時間、控制情緒，而不會受到金錢的誘惑、時間的限制、情緒的綑綁，變成它們的奴隸。

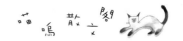

其次，貓咪是自如的；牠是最懂得「休息是為了走更長的
路」這句話的動物，除了捕捉獵物、爭奪地盤、追求異性……
等「正事」以外，牠總不忘讓自己充分享受休閒生活，假寐、
嬉戲、作日光浴，甚至浪跡天涯、遊戲人間，宛如一位懂得
「深度旅遊」的「品味旅行家」；牠不為現實所束縛、不為規
律所羈絆，逍遙自在，儼然老莊境界。

「以管仲之聖，而隰朋之智，至其所不知，不難師於老馬
與蟻」；以傅先生豐富的人生閱歷，尚且向貓咪學習；「今人
不知以其愚心而師貓咪之智，不亦過乎！」

（2002.10.27 青年日報）

[參考貓書]

《做貓沒什麼不好》，傅德修著，
水晶，2000。

永不妥協──村上春樹筆下的貓

　　幾年前有一部鳳凰女茱莉亞羅勃茲主演的片名譯作《永不妥協》，很多時候貓咪也頗有那股固執的骨氣，很多養貓人都會同意：訓練貓咪應答、握手、表演特技……等是相當困難的事，不過天下事無奇不有，妥協的貓也不是完全沒有就是了。

　　古今中外愛貓的作家不勝枚舉，在台灣很有人氣的日本作家村上春樹也是個愛貓族，曾養過許多貓，其中有一隻名字非常別致，叫作「可麗餅」，因為淺棕的毛色就像可麗餅。貓咪撒的尿雖然曾讓他珍藏多年的雜誌泡湯大半，仍無減於他對貓咪的喜愛。有慢跑習慣的他，有時遇到路旁的貓咪會和牠們玩上一陣。在小說中，他曾根據親身的體驗，用「就像訓練貓握手一樣難」來比喻非常困難的事情；沒想到卻有不少讀者向他反應「我們家的貓會握手」，讓他大吃一驚，並寫了篇〈貓山先生哪裡去？〉的感言，收錄於散文集《村上收音機》。

　　「貓山先生」本就是個擬人化的稱呼，可見貓咪在他心中是站在對等地位的朋友，實在很難想像人可以用上對下的姿態去吆喝牠做這做那，而且貓咪給人的印象一向是「一個自由而酷酷的存在」，如果連這樣超然、自我的個體也會為現實所迫而有所妥協，就有點像看到年輕時心高氣傲、志趣不凡的朋友，經過一番歷練卻變得低聲下氣、顏色全無，豈不令人悵

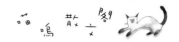

然，「貓山先生哪裡去？」這個疑問也有點像是說：「不為五斗米折腰」的豪傑、名士，如今安在？

　　情勢比人強，為了掙口飯吃，到底要妥協到什麼地步呢？也許只是飼主和心愛寵物之間甜蜜的遊戲，但乍聽到世上竟然也有願意和人握手的貓咪，仍不免有這樣的聯想和感嘆……所以，村上春樹說他還是喜歡不輕易聽命於人的貓咪，並以「加油啊，全國的貓山先生」作結。的確，卑躬屈膝的貓咪畢竟仍是少數，大體來說，貓咪仍不愧為「永不妥協」的精神象徵，激勵我們無論面對怎樣的強勢，都要有某種程度的堅持。

（2003.4.20　青年日報）

[喵語錄]

對人類獻慇勤與隨侍在側終究不是貓的本性。

～～(美)羅伊德‧亞歷山大
(Lloyd Alexander)，小說家

057

博大精深——加藤由子《貓咪博物學》

　　所謂「一沙一世界」，更何況是貓咪這樣靈巧的動物，仔細觀察研究必有其奧妙之處。

　　加藤由子是日本知名的動物行為作家，透過她鉅細靡遺的觀察，追根究柢的精神，使我們對貓咪的身體構造、一舉一動、聰明才智、飲食習慣及與人類的關係等，有更深一層的了解，幾乎每讀幾行都會不禁拍案叫絕道：「原來如此啊！」

　　作者對貓咪的研究，並不是躲在圖書館或實驗室裡，進行一般人望塵莫及、高深莫測的鑽研，相反的，卻是以她自己家中飼養的貓兒為對象進行觀察與實驗。作者明察秋毫的觀察力，的確令人驚嘆，例如：貓咪眨眼時是由上往下，還是由下往上？貓咪的鬍鬚長在那裡？貓咪的前後腳各有幾根趾頭？這些問題恐怕許多養貓多年的飼主都答不出來呢！

　　除了觀察以外，有時還要透過實驗及推理，才能獲得結論。例如：她想知道貓咪對聲音的反應，就把鋁箔紙唏唏嗦嗦地揉成一團、用迴紋針刮搔玻璃窗、拿兩支鳥羽相互摩擦……測試的結果，發現貓咪對與獵物相似的聲音最有反應。又如：一般人以為貓咪的鬍鬚掉了就會跌跌撞撞，但透過作者的觀察，貓鬚斷落只會影響捕鼠的成績，於走路並無妨礙。

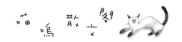
　　像這些連一般的動物學家都很少注意到的細節，正如作者所感慨的：「這個問題就算有了結論也對世人毫無助益，學者們自然也懶得傷腦筋」，但科學的精神就是「求真」的精神，有沒有用其實是在其次。而且作者對貓咪的研究非常實在，行文亦非常生活化，沒有艱深的術語，更不是嚴謹的論文，讀來令人倍感親切，發覺科學精神原來可以應用在生活周遭最尋常的事物中，而且非常有趣。

　　作者的研究態度是科學的，甚至可以說是專業的，但行諸於文卻是十足的感性且幽默，從她對貓咪細膩的觀察，可以感受到她對貓咪由衷的喜愛；經由她的生花妙筆，使貓咪的「博物學」不再只是學院裡冷僻的理論，讓每個愛貓族都能夠「聽貓咪說話」，更了解貓咪。我們對周遭的事物，如果能發揮科學的精神，加上美學的欣賞，一定會時時有所收穫，有所感悟的。

（2004.2.9　更生日報）

【參考貓書】

　　《貓咪博物學》，加藤由子著，
大樹文化，1996.12.20。

擇善固執──馬克・吐溫〈迪克・貝克的貓〉

　　馬克吐溫本名克雷門斯（Samuel Langhorne Clemens, 1835-1910），被譽為最能代表美國的大文豪，他十二歲喪父，為了謀生，做過印刷工匠、船員、記者，見識了各行各業的人生百態，後來以馬克吐溫為筆名寫書，一舉成名，最令人津津樂道的是二部寫頑童的小說：《頑童流浪記》（The Adventures of Huckleberry Finn）和《湯姆歷險記》（Tom Sawyer）。見多識廣的他還認識一些礦工，並曾為文記下礦工迪克・貝克養的一隻特別的貓「湯姆・夸茲」。

　　大家都知道狗的嗅覺靈敏，只要訓練有素就可以幫忙救難、緝毒，其實貓咪的嗅覺也不遑多讓呢！湯姆・夸茲是一隻灰色的大公貓，牠從不屑抓老鼠，卻比礦區中的任何人都瞭解採礦的事，真可說是一位傑出的採礦工。每天牠跟著迪克・貝克來到礦區總會到處走走、看看、嗅嗅，如果沒找到礦脈，就會興味索然地打道回府；如果找到了好的礦脈，就會低蹲在那兒，等礦工們前來開礦；開礦時，牠會愉快地在周遭來回踱步巡視，活像個監督工程的工地主任。

　　有一回他們在炸礦的時候，沒注意到湯姆・夸茲還在礦穴裡，把牠炸得遍體鱗傷。本以為牠此後就不敢再走近礦坑一步了，沒想到牠傷勢一復原就又「敬業」地回到牠的「工作崗

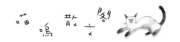

位」。而且聰明的牠以後一聽到導火線的嘶嘶聲，就火速地逃出礦坑。有人問迪克‧貝克既然礦區那麼危險，為什麼不阻止他的愛貓前來呢？但他說：「就算你不幸炸了牠三百萬次，牠還是固執得可以，頑固地就像石英礦那麼硬。」想來，只要牠還有一口氣在，就不會放棄發揮牠那偵測礦藏的稟賦吧！

　　基督徒把人出眾的才華叫做「恩賜」（如：他具有演說的恩賜），其實，這種恩賜也是一種「使命」。恩賜某方面看來是與生俱來的，但也需要以一種當仁不讓、捨我其誰的固執，把它當做第二生命、甚至就是就等於是生命，如此方能把它淋漓盡致地彰顯出來，也才是「不辱使命」。天生我材必有用，我們的恩賜與使命是什麼呢？願大家都能像迪克‧貝克的貓，挖掘到自己生命的寶藏。

（2003.4.17　青年日報）

[喵 語 錄]

　　貓一方面完美無缺地與我們的文明同化，然而一方面卻又保持著他們高度發展的野性本能。

～～(蘇格蘭)薩吉(Saki)，諷刺作家

綿延不朽——卡瑞爾‧恰佩克〈不朽的貓〉

　　《我家的狗和貓》（The Story of a Puppy）是捷克文豪卡瑞爾‧恰佩克（Karel Capek）於1933年出版的作品，距離現在已經有一、兩個世代了。那時候的人愛貓狗的心情或許和現在的人沒有多大差別，但養貓狗的方式卻和現在的人很不一樣，如今讀來頗有懷舊的意味。

　　〈不朽的貓〉是本書的其中一篇，乍看題目，會以為又是一篇歌頌貓咪神秘尊貴氣質的文章，細讀之下，才知道說的是貓咪驚人的繁殖能力；現代都市中養的貓多半深居簡出，或是做了節育手術，就算配種繁殖，也大多只生一兩胎，所以飼主無從見識貓咪的「生產力」，這篇文章算是一個見證。

　　本文的寫作手法是充滿戲劇性的，內容卻十足是真實的。一般母貓一年分娩兩次，作者養的母貓普朵蓮卡卻分娩了四次，一年生了十七隻小貓；她死後，女兒普朵蓮卡二世繼承母親多產的體質，一年分娩三次，兩年內生了二十一隻小貓；接著是普朵蓮卡三世……

　　幾十隻品種、花色不一（因公貓不只一隻）的小貓咪，在家裡搖搖晃晃地走來走去，把檯燈從桌巾上拖下來，在鞋子裡小便，沿著人的褲管爬到腿上……這種「貓咪世界」對愛貓人真不知該說是美夢、還是惡夢呢！

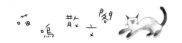

　　「然而光是養育小孩子並不夠，還必須安排他們有美好的未來才行」，雖然那時還沒有強烈的生態環境保護意識，但作者顯然是個有責任感的飼主，他把貓咪當成自己的孩子，為了讓貓咪有更舒適的成長環境，每逢家貓分娩，就四處奔走，央求親友收留；他甚至半開玩笑地說道：「如果能夠保證可以至少接受二十一隻小貓，任何協會或組織，我都樂於加入。」

　　台灣地小人稠，加上某些飼主在不便繼續飼養寵物後，就放任他們變成流浪貓狗，造成嚴重的問題，所以「優生保健」已然成為現代飼主的共識。看了這篇文章，許多人也許會鬆一口氣地說：「幸好現在寵物結紮很方便……」但愛貓成痴的我，倒不免有點欣羨，幻想著如果將來有錢有閒，到郊外買個大一點的房子，讓貓咪「自由發揮」那延續貓族不朽生命的能力，在那多采多姿的貓世界中，做個名副其實的「貓婆婆」，倒也是人生樂事呢！

（2002.12.18　青年日報）

〔參考貓書〕

　　《我家的狗和貓》，卡瑞爾・帕佩克著，人本自然文化，1999。

好氣好笑──克里夫蘭‧艾莫利
《聖誕夜的禮物貓》

　　瘦巴巴、髒兮兮，嘴巴有一道割傷，由於臀部受傷，無論
蹲著、還是站著，看起來都歪歪扭扭，而且還有皮膚病、過敏
症──在聖誕夜遇到這樣一隻貓咪，對某些人來說可能是個燙
手山芋；但是對作者來說，卻是一個珍貴的聖誕禮物。

　　曾有一個年輕人問著名的英國作家阿道斯‧赫胥黎
（Aldous Huxley）：如何才能成為一位成功的小說家？赫胥
黎的回答是：「養一對貓。」對克里夫蘭‧艾莫利（Cleveland
Amory）來說，這句話應該相當貼切；他在收養了「北極熊」
這隻流浪貓後，一連出版了三本以貓咪為主題的系列作品，
《聖誕夜的禮物貓》（The Cat Who Came for Christmas）是其中
的第一部。雖然這未必是他生平最傑出的著作──事實上，他
還寫過許多電視評論，及社會歷史學方面的著作──但的確是
最為轟動且廣受喜愛的作品。

　　和大多數的貓咪──尤其是流浪多年的貓咪一樣，北極熊
對陌生的人事物充滿了不信任感，正如作者所說：北極熊不喜
歡任何新的東西；在牠住進他家的第一晚，就把他家搞得天翻
地覆，讓客人誤以為遭了小偷；第一次出門，作者千方百計，
仍無法誘使牠進入提籃；第一次長途旅行，住在陌生的旅館，

牠以堅決的絕食抗議,甚至連水也不喝;而當作者發覺牠過於肥胖,為牠買了貓咪減肥專用的貓食時,牠卻絕口不吃、整天哀號,甚至在作者睡覺的床上跳來跳去,使作者不得不放棄這個減重計劃……

　　沒養過貓咪的人可能會想:養貓既然這麼麻煩,為什麼要養呢?其實養過寵物的人都知道,這些當時可能令人氣急敗壞的事,事後回想起來,點點滴滴都是有趣的回憶呢!這就像人倒楣或出糗的時候,從另一個角度看,倒也不失為為平淡生活憑添樂趣的一種笑料,這就是所謂的「又好氣又好笑」吧!

　　作者的文筆非常幽默,常有令人噴飯的「笑果」,書中所述大多是養貓人共同的經驗,但由作者的生花妙筆寫來,似乎特別能搔到「癢處」,的確是讓愛貓族不讀則已、一讀便欲罷不能的一本好書。

(2002.10.26　人間福報)

[參考貓書]

《聖誕夜的禮物貓》,克里夫蘭‧艾莫利著,皇冠,2000.10.31。
《叫我明星貓》,克里夫蘭‧艾莫利著,皇冠,2001.4.3。
《天下第一貓》,克里夫蘭‧艾莫利著,皇冠,2002.5.13。

小貓難纏——潘・薔森《家有酷貓》

貓咪冷靜、獨立，常被認為是「低維護需求」的動物，但有時也會出狀況：突然發飆咬人、抓狂地到處便溺、拼命撞牆、強迫性地猛舔自己的毛以致毛都禿了……如果情況嚴重到飼主受不了了、獸醫也束手無策，有人或許就把貓遺棄，或是認為貓有病或瘋了而給牠安樂死。難道沒有辦法改變貓咪的不適應症或異常行為，讓牠再度快快樂樂在人類家庭生活嗎？

《家有酷貓》（Hiss and Tell）的作者潘・薔森（Pam Johnson）從事的職業十分新奇：不是獸醫，也不是動物心理學家，而是一名「貓咪行為顧問」；在覺得這個職稱荒唐可笑之前，請先看看這本書，那麼就會為她的專業能力及敬業精神欽佩不已，也覺得「貓咪行為顧問」這個名稱的確貼切，這個行業也的確不簡單。每當獸醫仔細檢查過貓兒，發現牠行為上的「異常狀況」並非因健康問題引起時，就是她出馬的時候了。她會親自登門拜訪，和不同脾氣的飼主及莫測高深的酷貓過招，像名偵探柯南一般抽絲剝繭找出問題的根源，並設法解決。

這本書正是她的執業心得與實戰經歷。出訪過程，趣事橫生，驚險鏡頭如在目前，讓人讀得時而提心吊膽，時而捧腹噴飯。值得注意的是，作者之所以如此勝任這份工作，不僅是

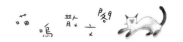

由於她對動物（尤其貓咪）行為豐富的專業知識，更重要的成功之道是：她能夠以貓咪的眼光觀察飼主的居住環境，找出讓貓感到壓力、沮喪、無聊、悲傷甚至恐懼的「不友善因素」。如：傢俱太多太擠，讓貓無處棲身，可能讓貓暴躁易怒；帶有麝香（類似雄貓賀爾蒙）味道的古龍水，可能讓貓為了鞏固地盤而亂尿尿；貓砂旁擺了太多的香水，可能讓貓聞不到自己的味道而到別處上廁所；透過作者的描述，我們可以一窺貓兒們的內心世界，明白為什麼有些貓會突然「性情大變」、「不可理喻」；原來，不必棄養，也不必長期地容忍，只要深入了解貓咪的需求，做點小小的改變，除掉讓貓不安的根源，就可讓貓與飼主過得更舒服、更愜意。

專門處理和貓有關的突發狀況、疑難雜症的潘‧薔森，秉著對這份工作的熱愛，讓無數蒙上陰霾的養貓家庭重見光明、重拾歡笑，讓原本充滿敵意或膽怯憂傷的貓咪恢復平靜，也讓原本對「貓咪行為顧問」這個行業充滿疑慮的人轉而尊重、信任她；她的成功密訣，說穿了，就是對人、對貓源源不絕的體貼的愛。

（2003.7.19　更生日報）

[參考貓書]

《家有酷貓》，潘‧薔森著，米娜貝爾，2003.9.1。

社交高手──吉米‧哈利《夜夜交際的貓》

　　常有人說貓咪比較獨立自主、比較不理人。前一句話是對的，後一句卻未必。許多貓咪都已成為飼主貼心的伴侶，自然而然地融入人類社會，獲得大家的喜愛，尤其是獸醫吉米‧哈利（James Herriot）養的這隻名叫「奧斯卡」的貓，真可說是個八面玲瓏、長袖善舞的「交際貓」呢！

　　奧斯卡是一隻灰黑色的美麗大貓，牠具有巨星般的迷人風采，更特別的是，牠從不錯過小鎮上的任何聚會；教會講道時，牠端然坐在椅子上，專心地聽道；擲飛鏢大賽時，牠跟著參賽者喝啤酒，差點沒站起來擲飛鏢；婦女協會開會時，牠跟著看幻燈片、參觀做蛋糕比賽；還有音樂會、拍賣會、童軍會議、鄉村計劃會議、瑜珈班……牠不遺餘力地參加各種社交場合，成為聞名全鎮的「交際名流」，各種聚會不可或缺的出席者；而且無論在什麼場合、參與什麼團體、參加任何靜態或動態的活動、面對任何年齡層……都大受歡迎，真是叫人自嘆弗如；如果牠能競選台北市長，一定高票當選。

　　仔細想想：自己參加各種聚會的時候，是否常抱著虛應故事的心態，甚至覺得無聊厭煩？應邀參加某個陌生的團體活動時，是否常覺得格格不入，甚至坐立難安？是否對某種黨派、

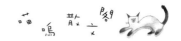

宗教或年齡層的人特別感冒？如果是的話，倒可以向奧斯卡看齊呢！

　　貓咪對任何人事物都抱持著高度的好奇心，所以無論到那裡「插花」，都覺得趣味盎然；而牠快樂的情緒不僅使自己輕鬆地和人打成一片，也為眾人帶來了歡笑。在複雜的人際關係中，如果能保有一顆赤子之心，一定會覺得每個人、每個團體、每個活動都有其特別、有趣的地方，覺得生活處處充滿驚喜，那麼，無須刻意做作，就會是一個「無入而不自得」、「無適而非快」的社交高手了。

（2002.12.17　青年日報）

［參考貓書］

《夜夜交際的貓》，吉米‧哈利著，皇冠，1995.6.25。

無奇不有——卡妙提《床下的貓醫生》、
《月球上的貓醫生》

我們常聽到人們抱怨工作性質枯燥乏味，甚至是週期性地陷入職業倦怠的煩悶恐慌中；這種情緒若是偶一為之倒也正常，但如果經年累月都這樣提不起勁，恐怕不是入錯了行（沒有適才適性地選擇工作），就是對生活、對工作的態度不夠積極、不夠年輕（即使正值青壯，心態卻已垂垂老矣的也大有人在）；明明有一份自己也很滿意的工作，卻時常沒來由地覺得無聊無趣的人，不妨讀讀卡妙提的著作，應該會覺得滿振奮的……

路易士・卡妙提醫師（Dr. Louis Camuti）是一位以診治貓咪聞名的美國獸醫師，行醫超過六十年，醫治的貓咪不計其數，而且他可不是舒舒服服地坐在診所裡等著「病貓」上門——由於愛貓，他體貼地察覺到貓咪在熟悉的環境裡會比較舒適，因而不辭辛勞地以「出診」的方式為貓兒看病，他平均每週會接到三十通的出診電話，每天都馬不停蹄地趕場，不論時間多晚、距離多遠，都義不容辭；如果有一天月球上也有貓咪，他恐怕也會二話不說地奔向月球吧！但是貓咪對這位「貓界的史懷哲」可不領情：「我愛貓，這是無庸置疑……可是我是醫生，所以很少有貓喜歡我。」每隻貓聽見卡妙提按門鈴

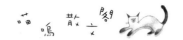

的聲音時都會逃得無影無蹤，於是他不得不趴在地上搜遍每張床底下──貓通常都躲在這裡。

　　雖然這麼辛苦，卡妙提醫生卻從來沒有「職業倦怠感」：「因為當病患是貓時，會有許多出人意表的狀況發生」；相信在每位飼主的心目中，自己的愛貓都是獨一無二、非常特別的，不過看了卡妙提醫師的經驗談，一定會嘖嘖稱奇、甚至捧腹大笑道：「怎麼會有這種貓呀！」荷莉是一隻花紋暹邏貓，她喜歡讓吸塵器清洗她的身體；一隻名叫「貓先生」（Mr. Cat）的貓喜歡到別人家偷手套、蝴蝶結來送給主人，再怎麼罵也無法阻止牠的偷竊癖，而且牠的樑上功夫連最先進的防盜系統都拿牠沒輒；喬是一隻灰白條紋的短毛家貓，牠會和孩子們玩橄欖球和棒球，身手俐落，十足是個傑出的運動員……這些奇貓奇事由善於說故事的卡妙提醫生說來，更是妙趣橫生、令人看得津津有味。

　　貓咪是一種對新鮮事物有著旺盛好奇心、且勇於探索的動物，卡妙提醫生似乎也是；每次出診，他都無法預期會遇到什麼樣的貓、什麼樣的人、什麼樣的家庭，他覺得「這就是這份工作刺激有趣的地方」，就是這高度的興趣和熱誠，使他直到八十七歲還孜孜不倦、樂此不疲地為貓兒四處奔走，解決各種疑難雜症，回頭想想我們自己的職業，是不是其實也沒那麼單調呢？卡妙提醫生每天要和形形色色的貓咪過招，我們又何嘗不是：老師每天要處理不同的學生問題，商人每天要面對不同

的客戶，工程師每天要研發更新更好的產品……如果能像卡妙提醫師那樣保有永遠年輕的活力和幽默感，一定會發現工作中隨時都有新的發現、新的挑戰、新的樂趣。

[參考貓書]

　　《床下的貓醫生》，路易士・卡妙提著，皇冠，1999.8.2。
　　《月球上的貓醫生》，路易士・卡妙提著，皇冠，2000.6.28。

喵嗚小說樓

迷糊散漫──老舍《貓城記》

　　中國現代小說的巨擘：老舍，其名著《貓城記》看似天馬行空的科幻故事，其實是相當寫實的社會批判小說。

　　小說中的主人翁在太空飛行中失事迫降火星，發現火星上住有高度智慧的生物，如矮人、貓人……等等，而他降落的地方是貓國。這些貓人的臉很大，腦門上覆著細毛，不穿衣服，全身細細的灰毛，胸前有四對小乳，八個小黑點。貓人不但有自己的語言文字，還有兩萬多年的文化，哲學、科學、文學、藝術都有高度的發展。可惜思考不夠精細，經常迷迷糊糊、得過且過。更可悲的是近兩百年來，舉國嗜吃一種具有麻醉作用的「迷葉」，人人醉生夢死；加上內部自相殘殺，國力日衰，外國因此聯合起來侵吞壓榨，使貓國更加貧弱。矮人攻進貓城時，貓人仍不知合作，三五成群、分黨分派，自己人打得不可開交；最後，「貓人們自己完成了他們的滅絕」。

　　和胡適〈差不多先生傳〉、柏楊《醜陋的中國人》如出一轍的，《貓城記》亦是以晚清以降龐大的弱國陰影為背景及動機，在嘲弄譏諷中有著「恨鐵不成鋼」的血淚斑斑。當時的中國顯然就像老舍筆下的貓國，背負著古老輝煌的歷史光榮，在列強環伺下卻不思振作，在鴉片煙中灰敗墮落，甚至內鬥不已（隱涉當時的國共之爭），以致讓矮人（日本）有機可乘。這

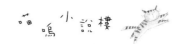

個「暗示」得相當「明顯」的文本，在當時社會無異是震聾啟聵的警訊。

　　小說中的貓人與實際上的貓並無多大關係，作者在序中還戲稱「也許還能寫本《狗城記》」。作者的重點是在創造一個未知的領域、陌生的國族，以「地球先生」的身分觀察、探索、理解，正如作者試圖擺脫「當局者迷」的困境，理性超然地針砭沉痾已久的弊端，這些弊端往往已被不知不覺地合理化，而外來客的眼光適足以突顯其荒謬性。

　　不過，作者選擇「貓」為這種迷糊、散漫、自私、卻又自認血統高貴的種族的「代言人」，相信與貓的特性不無關係。貓咪天生近視、視野模糊，而且的確不是合群的動物，雖然他們有族群的觀念，有時還會聚集開會，但大多時候都是獨行俠，就像他們的遠親虎、豹一般。貓與貓常為了地盤拼得你死我活，卻從未團結抵禦外侮（如巷口的惡犬）。相對來說，狗狗之間較能和諧相處、互助合作，正如他們的遠親：狼總是團體行動。

　　雖然貓科動物平時獨來獨往，而且看起來懶洋洋地（一天中有三分之二的時間都在睡覺），但發起威來卻聲勢驚人，難怪中國在二次大戰的奮勇抗敵，被形容為「睡獅猛醒」呢！

（2000.8.4　中國時報）

《貓城記》，老舍著，萬盛，1993。

嬌縱外向——朱西寧的《貓》

　　說起朱西寧的長篇鉅作——《貓》中的蔡麗麗,簡直是個被慣壞了的大小姐,又是個不安於室的野丫頭。然而,在她看似無理取鬧的撒野任性背後,是一個青春躁動、卻不被了解的寂寞靈魂。

　　綴在城市邊緣上,五十六建坪的二層樓,周圍圈著一百四十四坪庭院的單家獨院,麗麗的優渥環境是讓許多人羨慕的;但她卻寧願是東鄰藍大夫家的孩子,僅管他們食指浩繁,藍大夫常說養孩子就像養貓狗;又寧願是西牆外煤球工廠裡的一員,僅管他們都是靠勞力掙錢的苦力。麗麗是個獨生女,從小沒有爸爸,媽媽對她一味地寵溺,只是在物質上無限地滿足她的需索,卻不曾真正貼近她的內心,常常外出打牌、交際應酬、和腦滿腸肥的男人約會,可見這個深宅大院連媽媽都待不住,又怎麼關得住天性活潑外向的小野貓呢?

　　偌大的宅院裡只住著三個女人——餘韻猶存的風流寡婦、含苞待放的青春少女和豐滿健美的女傭阿綢。人丁單薄又陰盛陽衰,難怪成為左鄰右涉覬覦或偷窺的對象;先是年輕精壯的煤球工人滕金海,送了麗麗一隻吳郭魚色的小貓「狐狸」,從此有事沒事就越牆過來,整整草坪、修修電器什麼的,不久就和阿綢打得火熱,連做母親的都曾一時鬼迷心竅,將他叫進內

室給他一筆錢，暗示某種無可言說的交易。麗麗也曾翻過牆去，和那群粗魯的工人放肆地笑鬧。

藍大夫家屋頂上長年臥著一隻黑鼻子貓，麗麗在牆頭丟石子逗他時，認識了藍家的第三個兒子藍德英。藍德英和他爸爸也是犯沖，他和麗麗兩個叛逆小子便常蹓牆，百無禁忌地胡扯瞎混，有一回他們深夜遊蕩於酒吧或舞廳，直到凌晨才回家，麗麗的媽媽為此將她禁足了好幾天。

黑鼻子貓可以說是麗麗既妒羨又認同的對象，他飛簷走壁、高高在上，一副泰然自若、毫無拘束的樣子，關在屋裡正悶得慌的麗麗看不過去，想丟石子煩擾他，卻總不成功。一個颱風夜，麗麗看到黑鼻子貓被水淹了，奮不顧身地衝去救他，貓是救到了，自己卻因此染了肺病。實則這黑鼻子貓是她的世界中僅存的一個未被禁錮的自由個體，從封閉的空間往外能看到的唯一一線生機。這就是為什麼一隻非親非故的野貓竟比她的命還重要。

養病期間，她變得平靜、溫和多了，藍德英的弟弟德傑有一回路過牆下，和病中虛弱的她聊了起來，後來就送了她一隻毛球般可愛的黃狸貓「阿凱咕」。

表面看來，一個終於符合閨秀標準的小姐，和一個斯文規矩的男孩，似乎就是圓滿的結局了，然而作者並無意遵循「幸福快樂」的俗套，反而以血腥的畫面作結——由於家人過度的關注，阿凱咕生了小貓後，竟將親生骨肉吞食了——有些母貓

遇到威脅、對環境沒有安全感時，為了「保護」小貓，會將他們吞入腹內。「愛之足以害之」，不懂得愛的方法，過度的保護，反而變成一種扼殺生命的桎梏了。

（2000.8.12　青年日報）

[參考貓書]

《貓》，朱西寧著，皇冠，1979。

凌厲詭譎──倪匡的《老貓》

冷漠孤傲的貓咪，總是用一雙神秘迷濛、高深莫測的眼睛，冷眼旁觀紛紛擾擾的人間世，在人類家庭中，像遊走在邊緣的外來客，野生群居時，更像是有著自成一格、人類無從置喙的生活方式。從他們嚴峻驕矜的眼神可看出，他們自以為和人類平起平坐、獨立自主，有時對人類的魯莽還有點不屑。這樣不可思議、卻又與人類社會息息相關的動物，難怪成為科幻小說家青睞的對象。

台灣科幻小說的第一把交椅──倪匡先生，從一九六五年開始，以第一人稱衛斯理，連續八年寫了數十篇之多的科幻小說，後來由遠景出版時，第一部就是以貓為主角的作品：《老貓》。

書中的主角大黑貓，嚴格說來並不是貓，而是三千多年前侵入地球的外星智慧生物抵達埃及時，發現貓咪被奉為神祇、倍受尊寵。當時貓頭女身的Bastet是古埃及的月神兼愛神，管理繁殖、治病，亦是亡者的守護神。法律上殺貓是死罪，貓咪不幸死去時，主人一家會剃眉毛表示哀悼，並將貓製成木乃伊，以待日後的復活。現在考古學家已發現一座古埃及貓墳場，其中有300000具貓木乃伊。歷史上曾有羅馬兵在埃及隨意殺了一隻貓而引起戰爭，還有一次波斯對埃及發動戰爭時，將

貓縛綁在盾上進攻，埃及兵怕傷害到貓而不敢反擊，因此棄械投降。

外星人因此以為貓咪是地球上的優勢族群，因而佔據了其中一隻黑貓的軀體，企圖統御地球。中古時期，他在歐州企圖以催眠術控制人心，使人認為貓有巫術，將所有貓咪皆捉來燒死，造成貓咪史上的「黑暗時代」。

從這樣的角色塑造及歷史敘述，便可看出貓咪在人類心中真是又愛又恨、又敬又畏，有時是高不可攀的神祇，有時又是人人喊殺的魔鬼，自古至今，人類對貓始終不知該崇拜、還是該畏懼，始終難以拿捏、遊移不決，這樣的矛盾弔詭正說明了貓咪的難解如謎，直到現在，愛貓族與怕貓族仍皆振振有詞，不相上下。

貓咪可畏，尤以黑貓為甚，渾身黑毛在暗夜活動時，簡直像穿上了吸血鬼的黑袍，來無影、去無蹤，難免給人陰鷙深沉的印象，再加上一雙被黑毛襯托得更凌厲詭譎的眼睛，鬼火般閃爍飄蕩，令人不由得打起寒噤。小說中衛斯理第一次看到那隻大黑貓時這樣形容：「它不但大、烏黑，而且神態之獰惡，所發出的聲音之可怕，以及它那雙碧綠的眼睛中所發出的那種邪惡的光芒，簡直令人心寒！」仔細想想，如果這裡的主角換作一隻狗，或是一隻白貓，其驚悚效果一定大為降低。

不過，這篇小說也算是替被視為邪惡的貓咪做了翻案。畢竟，有攻擊性、會催眠術、意圖不軌的貓咪，只有這隻被外星

生物侵入的黑貓而已，其他普通貓咪被視為妖魔，都是受其連累，其實只是單純無辜的小生命罷了。

（2000.7.16　金門日報）

[參考貓書]----------------------

《老貓》，倪匡著，遠景，1998。
《老貓》，倪匡原著、陽植禾漫畫，皇冠，1989。

呵護備至——柯志遠《孵貓公寓》

　　柯志遠的《孵貓公寓》是一本非常好看的短篇小說集，十則都市的愛情神話，雖然羅曼蒂克地有點不切實際，但的確引人入勝，而且不落俗套的新意俯拾皆是；和一般的羅曼史小說、少女漫畫、偶像劇、好萊塢電影一樣有票房，又比那些更有才氣、有深度得多，更令人愛不釋手的是，每篇都有可愛的貓咪身影，戲份或輕或重，或是為男女主角穿針引線的小媒婆，或是男女主角的貼心伴侶，或者只是靜靜地躺在客廳的一角假寐著，以似參與、似游離的姿態，默默地觀看著一幕幕或悲或喜的感情戲，就和我們這些讀者一樣⋯⋯

　　〈孵貓公寓〉是其中耐人尋味的一篇。故事中的單身漢，想談一場戀愛、希望回到公寓後有人陪，但是面對心儀的女性，卻遲遲不敢踏出第一步，於是他天真地想：「談不成戀愛，就養一隻貓吧！」他想像貓咪會像貼心的女朋友般，等著他下班，甜甜地黏著他撒嬌。但是養了貓後，才發現完全不是那麼回事。貓咪的感情，可是一點也不廉價的。剛開始，牠隱形般地躲在看不見的角落，無論主人如何叫喚，都不肯露面；他不禁無奈又洩氣地想：為什麼養貓不能像買台CD機般隨插即用呢？

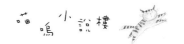

　　不過，他仍然鍥而不捨地每天為牠更換貓食與清水。過了幾天，貓咪終於肯在晚上偷偷摸摸地溜出來吃點東西；又過了一段時日，終於肯嗅嗅主人的手……就這樣，他們的距離漸漸拉近，整個過程就像母鳥孵蛋般，小心翼翼地呵護著、珍惜著，深怕一不小心，就毀了這一切，絕不能因為蛋的外觀毫無變化，就性急地戳破一點蛋殼來看看；慢工出細活，千萬急不得。他覺得，他也在用生命孵一隻貓，孵一隻能與他交心、共同生活、分享彼此的貓。

　　真正的感情不是垂手可得的，它需要時間、需要耐心，才能孵出了解，孵出信任，孵的過程必須要體諒、要體貼，也要給對方時間；真愛，是值得用一輩子去呵護的。

（2003.2.25　人間福報）

　　《孵貓公寓》，柯志遠著，紅色文化，2000。

同甘共苦——趙繼康《人貓之間》

「覆巢之下無完卵」，亂世中人人自危、朝不保夕的情形是可以想見的，不過連無辜的貓咪都會遭到波及，卻是從小未逢動亂的我從來想像不到的。趙繼康這位在文革時期拒絕勞改的大陸女作家，以她親身的經驗和細膩的筆觸，將文革時期種種荒謬可笑、亦復可悲的事情如實地描寫了出來……

趙繼康原本是全國文聯作家協會的一員，奉命寫些歌功頌德的文章，但是隨著文化大革命的鬥爭愈演愈烈，她的父親、姊夫都被瘋狂的群眾打死了，自己也被揪鬥遊街，不想再做下一個文革祭品，她只有亡命天涯，四處流浪。逃亡期間，本想在昔日的友人「老大姐」家借住幾天，沒想到登門造訪，卻見他們家也是一片愁雲慘霧，泥菩薩過江自身難保，而原因並不是他們家有什麼反動文人、黑五類之類的，卻只為了一隻貓。

老大姐家的咪咪是隻罕見的有靈性的波斯貓，不但懂得伸爪與人握手，還會翻滾耍雜技。老大姐和她的丈夫老韓都是熱情好客的人，加上這隻逗趣的貓，以往這個宅院總是溫馨而和諧的。沒想到文革後卻完全變了樣。客人來了，夫婦倆先把烹魚的爐子藏好，開個門縫左瞧右瞧半天，才敢請客人進來。昔日活蹦亂跳的咪咪躲在屋頂的瓦片間，睜著驚懼的眼神，毛色骯髒混亂，完全沒了往日的風采。老韓每天晚上偷偷上屋頂餵

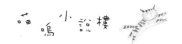

貓，不慎摔跛了腿。這一切的恐慌、不安、痛苦，只因為養貓是資產階段的腐化作風，只要有一個鄰居通風告密，他們就吃不了兜著走。

連貓也變成了鬥爭的對象，街頭巷尾到處可看到被亂棍打死的貓咪屍體，所謂的「龍虎鬥」——黃鱔和貓肉一起燉煮的補品——也流行了起來。怕咪咪也變成棍下魂、盤中飧，他們遲遲不忍放生，但躲了一段時日後，咪咪愈來愈瘦，居民委員會也盯得愈來愈緊，他們終於決定讓兒子把貓帶到遠處去放了，希望他能躲過文革的劫難找到一條生路。

沒想到由於老韓幾十年不來往的一個朋友被查出是間諜，居民委員會聲勢洶洶地上門調查，就在這個節骨眼上，咪咪瘸著條被打斷的後腿，鮮血淋漓地回來倒在地上死了。人與貓，都在「欲加之罪何患無辭」的批鬥下，被鬥得傷痕纍纍，體無完膚。

在專制政權下，連人命都沒有保障，更何況貓咪？連養貓的自由都沒有，還有什麼不是在天羅地網的監視之下？台灣的民主自由，也是在幾十年的發展中逐漸開花結果的，我們怎麼能不好好珍惜呢？

（2003.2.25　人間福報）

[參考貓書]

《人貓之間》，趙繼康著，皇冠，1988。

戲謔自負——夏目漱石的《我是貓》

　　原本只是寥寥數千字的短篇小說，發表後竟廣受好評，以致洋洋灑灑寫成了十一回、六萬多字的長篇鉅著；《我是貓》（吾輩は貓てある）不僅是夏目漱石奇蹟式地以四十歲進軍文壇的代表作，在日本現代文學史上亦佔有舉足輕重的地位。

　　「吾輩是貓，還沒有名字。」這樣輕妙爽俐的開頭，將這隻無名貓自負自傲、又充滿諷刺嘲謔的神態表露無遺。鍾肇政先生曾評介道：「『吾輩』在日人口頭上，原本是帶有一種嚴肅的味道的，一些自認有學問、有地位、高人一等的人才會掛在嘴邊。」這樣一隻自視甚高的貓，主人卻視如無物，終其一生都沒為他取名，開頭這兩句話之間，就充滿了反諷、對比的戲劇張力。

　　其實這貓根本沒什麼值得驕傲的地方——剛開始簡直是可憐沒人愛，窮愁潦倒，好不容易才得到中學教師「苦沙彌」的收容。但是，他卻能以犀利的目光，看出人類種種虛偽矯情、任性自私、荒唐可笑的地方，這種觀察及批判的能力，或許就是他自認「眾人皆醉我獨醒」、揚揚自得的原因吧！

　　苦沙彌平日深居簡出，埋首書堆；實則常常趴在攤開的書上睡大頭覺，還淌著一灘口涎；人前人後完全兩樣，難怪貓咪把他看扁了。苦沙彌肚子裡未必有多少墨水，卻自命清高，

憤世嫉俗，其頑固不通的儒士作風常被貓咪嘲笑，亦令讀者發噱。

貓不斷批評主人，卻沒發現「貓如其主」，自己也耳濡目染了苦沙彌的癖好習性，不但貪睡、貪吃，說話的口吻也愈來愈近似主人。其實貓在取笑人類愚劣的同時，亦等於對自我做了毫不保留的解剖與揭發；更確切的說，是夏目漱石透過貓的眼睛，對人性——包括自己——做了毫不留情的挖掘與批判。

「吾輩是貓，還沒有名字。」明明是個無名小卒，卻自以為與眾不同；「別人眼中的自己」與「自己眼中的自己」之間落差太大，就一副懷才不遇、孤芳自賞的模樣，這隻貓和苦沙彌同樣犯了自知不明的毛病，同時也是許多人——尤其是知識份子——常有的弊病。正如王國維所說：「偶開天眼覷紅塵，可憐身是眼中人。」自認不媚世俗的人，其實也是紅塵中人，落在人性的迷障中無法自拔。這隻貓實在不比他所譏笑的人類高明到那裡去，不過起碼他還有回觀反照的能力，還能夠「偶開天眼」；這就是他——以及某些知識份子——唯一能夠引以為傲的了。

一般人面對外界總是戴著面具，在家裡與家畜獨處時，反倒毫無警戒地露出本性。《我是貓》藉著一隻見解不凡的貓咪，以類似旁觀、客觀（實則卻身在其中）的角度，透過他對家人、客人乃至鄰居絲絲入扣的觀察，刻劃出芸芸眾生的浮世繪，其實這一幅幅的眾生相，正是這隻無名貓試圖了解世人、

尋找自我定位的漫長過程。結果他卻因喝了客人的啤酒，醉醺
醺地跳舞賞月，不慎掉進水甕溺斃，簡直跟中國詩人李白的傳
說不謀而合；這種半清醒半昏沈、文人式飄飄然的死法，還真
適合這隻自命不凡的貓咪呢！

（2000.8.16　青年日報）

[參考貓書]

　　《我是貓》，夏目漱石著，志文，
2001.8.1。

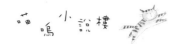

機智過人——赤川次郎的「三色貓」

　　日本推理名家——赤川次郎，1976年以《幽靈列車》躍登文壇，而真正奠定他推理霸業的，則是那一系列膾炙人口的「三色貓福爾摩斯」作品。

　　不同於一般推理小說中冷靜機警、明察秋毫的超級偵探，「三色貓」系列中的刑警卻相當蹩腳——片山刑警有異性恐懼症，看到女人就不知所措，而且看到血就會暈倒；石津刑警忠厚老實、愣頭愣腦、神經大條，尤其面對他愛慕的晴美小姐（片山刑警的妹妹）時，就會語無倫次。活潑亮麗的晴美雖比這兩個呆頭鵝靈活得多，卻也常過於衝動，妄下判斷。總之，所有被一般名探嗤之以鼻的弱點：粗心大意、沒有邏輯、遇事驚慌、情緒化……等等，在這三人身上全一覽無遺，有時簡直比你我還搞不清楚狀況；不過，這正是他們如此討人喜歡、引人共鳴的原因之一。

　　為什麼這麼烏龍的組合（卻也是絕妙的搭檔）竟會屢破奇案呢？其實真正的功臣是他們飼養的那隻黑、白、褐三色毛的貓咪——福爾摩斯小姐。貓咪怎能判案？難道被福爾摩斯附身了、會說話嗎？錯了，這隻貓外表上和一般貓咪並無二致，但甚有靈性；剛開始這三人查案時，她總是淡漠地在旁躺著、看著、聽著，似乎並不特別關心，只是偶爾用睥睨的眼神，暗笑

一下人類的愚昧；到了關鍵時刻，她才會突然「表態」，用她的喵叫及肢體語言，「循循善誘」地引導人們發現癥結、理清頭緒，這時大家才知道這隻旁觀的貓咪，對所有盤根錯節的來龍去脈，早就了然於心了。

除了清晰的頭腦外，靈敏的嗅覺也是她過人之處。事實上貓咪的嗅覺的確是人類望塵莫及的。根據生物學家的研究，人類的鼻子裡大約有五百萬根神經末梢，而貓竟有一千九百萬根。福爾摩斯小姐常靠此找到失蹤的人，或嗅出犯罪的味道。她敏捷的身手、柔軟的身軀、神出鬼沒的「輕功」使她能深入案發現場的核心，包括不為人知的秘道、暗室、雙重門、中空的牆壁等等。貓咪的後腳極具爆發力，完全不需助跑，就可跳上比自己高五、六倍的高處。這就像一個人直接從平地跳上二樓的陽臺般教人咋舌。此外，憑著她的尖牙利爪，必要時還會義不容辭地擔負起「保鑣」的角色，冷不防地予敵人沉痛的一擊。

大部分的貓咪並沒有機會如此淋灕盡致地發揮長才，但只要對他們稍加研究，就會發現他們令人自嘆弗如的地方實在太多了。了解了這些，就可想見在貓咪眼中人類是如何遲鈍笨拙，也難怪他們為何總是用不屑的表情看人了。對於自然界形形色色、各具長才的動物，人類不妨平等相待、甚至虛心求教；若是毫無尊敬、謙遜之心，甚至自以為是「萬物之靈」而揚揚得意，那不僅是無知，簡直是荒唐可笑了——我想，

這其實正是赤川次郎透過機智過人的「三色貓」想告訴世人的吧！

（2000.9.17 台灣新生報）

【參考貓書】

《三色貓探案》，赤川次郎著，志文，1987.2。
《三色貓幽靈俱樂部》，赤川次郎著，志文，1987.4。
《三色貓恐怖館》，赤川次郎著，志文，1987.5.4。
《三色貓狂死曲》，赤川次郎著，志文，1987.8。

心細如髮——仁木悅子《黑貓知情》

　　日本不愧為著名的愛貓民族，連驚悚刺激的偵探、推理小說，也不忘以可愛的貓咪穿針引線，帶點幽默溫馨的氣氛；除了赤川次郎的三毛貓探案系列外，仁木悅子這位女作家也很喜歡在作品中穿梭著貓咪的身影，其處女作《黑貓知情》就是一例。

　　仁木悅子從小因罹患骨疽病而殘廢失學，靠著哥哥的指導及自己的好學不倦，以她家中的黑貓為模特兒，完成了這部心思縝密、富邏輯性的推理小說，並一舉成名，成為殘而不廢、自學成功的最佳典範。

　　一向口碑載道的箱崎外科醫院，接二連三發生了謀殺案，第一、二位被害人失蹤時，院長女兒飼養的黑貓小咪也不見了；第三位被害人臨終前，只驚愕地喊著：「貓，貓，貓……」更離奇的是第四位被害人被發現時，小咪正蹲踞在屍體的胸前；而命案發生的當時，幾乎每個關係人都有不在場證明，種種巧合令人不禁要想難道兇手就是這隻黑貓？

　　黑貓當然不可能是殺人兇手，卻顯然是全案的重要關係人之一，甚至儼然是關心案情的查案者之一，牠和主角仁木兄妹一樣，心細如髮，能從細微的蛛絲馬跡中，「嗅」出犯罪的味道；也和他們一樣，好奇心重、喜歡追根究底，有著「好管閒

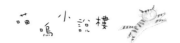

事」的正義感。如果牠會說人話的話，最先說出「我知道犯人是誰了！」這句話的，恐怕輪不到仁木雄太郎呢！

在緊張驚險的命案過程中，穿插著一隻調皮搗蛋的貓咪，彷彿和人捉迷藏似的跳上竄下，乍聽之下有點不搭調，其實卻讓人覺得更親切、更有人情味，的確，處理人的事情，即使是命案，也需要體貼，需要溫情，才辦得好的，難怪這本小說榮獲江戶亂步獎時，評審讚美此作充滿了「女性特有的細膩」呢！

（2003.1.13　青年日報）

[參考貓書]

《黑貓知情》，仁木悅子著，林白，1992。

黑色幽默——馮內果《貓的搖籃》

　　著名的混沌理論認為：赤道上一隻蝴蝶擺動了翅膀，南極上的冰山就開始動搖……世間許多看似無關的事物，其實是牽一髮而動全身，息息相關。馮內果（Kurt Vonnegut）《貓的搖籃》（Cat's Cradle）中的主角是一位名叫約拿的作家，為了寫一本《世界末日》的書，四處查訪第一顆原子彈落到廣島那一天，相關的人物在做些什麼事。在這個尋找真相的旅程中，挖掘出、遭遇到許多看似無關的瑣碎事物，卻都不可思議地彼此串連。

　　「貓的搖籃」是一種用繩子繞在手指上，翻出「貓的搖籃」的花樣來的遊戲。一顆原子彈落在廣島毀滅數萬生靈，一個老人拿著繩子在哄小孩玩「貓的搖籃」。這兩件事發生在地球上兩個地方、同一時間，看似毫無瓜葛的事情，其實有著奇妙的關連：那個老人就是被稱為「原子彈之父」的科學家霍尼克。其實霍尼克平時很少親近小孩，只是那陣子碰巧對翻花繩有興趣，就將他的「研究成果」表演給小孩看，沒想到卻把小孩嚇哭、嚇跑了；正如他對戰爭毫無興趣，只是「為研究而研究」，卻使他的發明成為塗炭生靈的工具。

　　既然反對人為的戰爭與科技，那麼是否贊成無政府主義呢？約拿曾認真地考慮過，後來卻因一件似乎無關的事而打住

了。約拿外出查訪時，將住家借給一個名叫柯雷的詩人暫住。沒想到柯雷將他的住處弄得髒亂無章，打了三百美元的長途電話，還把他的貓殺了，並在貓脖子上掛了一張小紙，紙上寫著「喵」。這個「喵」字就像是對無法無天的暴行提出的無聲的控訴，也像是預告了無政府主義可能對無辜的弱勢造成怎樣的殘害。

　　《貓的搖籃》雖是一本科幻小說，處處有「無巧不成書」的情節，卻令人覺得如此真實，因為在我們的現實生活中，的確常有奇妙得近乎荒謬的巧合；人生其實是很文學的，時時安排著「伏筆」；人生也是很宗教的，處處充滿著「喻表」；命運的奧妙、荒謬正反襯出人類的有限與無知。沒有人能解開人生的密碼，卻時常企圖要改變世界，結果卻是弄巧成拙。馮內果以他一貫的「黑色幽默」，對戰爭、暴力以及忽略人道的科學發展做了有力的批判，也對人生的謎團提出了一個可能的線索。

（2003.1.28　青年日報）

［參考貓書］

　　《貓的搖籃》，馮內果著，麥田，1994。

大智若愚——伊夫・納瓦爾《一隻世故的法國貓》

「其實，有另一種瘟疫正威脅著全國，卻無人聞問。真心如今卻換來他人懷疑的眼光，吶喊求援卻無人搭理，像過客，獨善其身，人情淡漠。」1980年代法國狂犬病流行時疑似感染的貓隻即遭通報、捕殺，這段文字是一隻會思考、有主見的貓咪——「世故的法國貓」迪弗斯對此事的看法，由法國鞏固爾文學獎及法蘭西學院獎得主伊夫・納瓦爾紀錄下來；在SARS侵襲台灣的時候，迪弗斯這段話似也發人深省。

會寫書的貓咪迪弗斯是寫作協會的「榮譽貓員」，和作家主人吉伯彼此欣賞，他們都「自覺年輕無知又老成世故」，都把這句話當成座右銘：「掌握自我才能開始擁有」，他們都厭惡喜好賣弄、貪得無饜、氣度狹小的人，有時會因此大發雷霆或做出驚人之舉，也都因此惡名昭彰，被認為行徑怪誕，而且「從來就寫不出人家期待的小說」；他們「宛如同一個人扮演兩個角色」，這本書所記載的生活點滴和生命智慧，可說是他們共同的心聲。

不過，即使是這麼性靈契合的一對拍檔，也有不同的地方；在迪弗斯看來，吉伯的修養顯然大大不如牠；牠沉靜內斂、知足常樂，喜歡雲淡風輕的寧靜，享受著諸事皆拋諸腦後的清閒；而吉伯，牠批評道：「不懂得以少勝多，永遠都是

需索無度」；常為了同性戀人間的感情、出版界的毀譽而耿耿於懷、甚至失眠；迪弗斯用眼神的傳遞告訴他：「不作任何索求時卻能獲得更多，我們若一無所求卻更能擁有一切」，「凡人縱然有瞋怒、有愛欲糾葛、有至情，也終有了時」；牠不斷地告誡他「安份守己」，他卻始終「固執己見」──其實「安份守己」和「固執己見」都是「掌握自我」的一種方式，關鍵在於「曠達」和「固執」的心境不同──全書瀰漫著這樣的矛盾；挑明地說，其實是作者內在安份守己的「貓性」和固執己見的「人性」不斷地在自我反省、巔覆、爭戰吧！

　　貓咪不像狗狗懂得察言觀色、逢迎周旋、擺尾舔嘴地討人歡心，反而常常是不識時務地冷眼旁觀，因此常被認為是不諳人情世故，但真的是如此嗎？行為表現為「狂狷」，有兩種可能，一是少不更事，年幼無知；一是看透了世俗虛矯、人情冷暖，不屑於隨波逐流，寧願我行我素，讓原始的本性自然地流露，表面看來狂放不羈（因為與人文的造作背道而馳），其實比那些為了一點小名小利逢迎拍馬的小人物要成熟、穩重多了。東坡滿肚子的「不合時宜」，即使被貶流放也能吟遊賞景，自得其樂。貓咪不屑交際應酬，但無論是家貓、野貓、還是半野生貓，都能優遊自在地過著自己想過的生活，牠們的「狂狷」是「幼稚愚昧」還是「大智若愚」，答案已經很明顯了。

[參考貓書]

《一隻世故的法國貓》，伊夫‧納瓦爾著，圓神，2002。

神通廣大──羅伯・海連《穿牆貓》

　　故事的背景在西元2188年的金律殖民地，作家里查一天和美麗的女友葛瑛共進晚餐時，突然出現一個陌生男子死在他面前，接著是在匆忙中與葛瑛成婚，被迫遷離寓所，又在搬家途中遇到一群強盜……更令他驚訝的是，原來他的新婚妻子葛瑛是來自不同時光軸的「時光游擊隊」的一員，不知不覺中，他已捲入一場挽救人類歷史性悲劇的冒險計劃中……

　　這是一本充滿奇思怪想的科幻小說，一會兒回到十幾年前的過去，一會兒以超過光速三倍的速度飛奔未來，而地球、月球、金律、第三地球……等宇宙中各個星體或太空站的時間算法、人體的老化程度也都各不相同，今昔交錯的超時空情節不僅讓讀者眼花繚亂，連主角里查也常常弄得丈二金剛摸不著頭腦，不知今夕何夕呢！有趣的是，大多數的科幻小說都把穿越時空的構想歸功於愛因斯坦的相對論，然而在本書中，2400年後愛因斯坦卻被視為製造原子彈的始作俑者，其肖像卻被憤怒的群眾燒掉，而把超越時空的原始構想歸於德國物理學家士洛丁格，更正確的說是士洛丁格的寵貓比克。雖然書中對愛因斯坦的輕視有點過激，但也算是十九世紀美國反戰思想的一種反映吧！

　　比克是一隻有著湛藍眼睛、淺橘毛色的暹邏貓，士洛丁格有一回想到：假如把貓關進一只密封的箱子裡，無論如何牠將在一小時內因同位素衰竭而死亡，那麼在一小時的最後一秒鐘時，這隻貓究竟是活著抑或死亡了呢？結果是出人意料的：比克竟穿透了箱子，並從此有了穿牆的超能力；書中的解釋是：由於這隻貓當時還太小，不知道穿越牆壁是不可能的事，因此而引發了超乎常理的潛能。換句話說，如果比克是隻飽經世故的老貓，就不可能獲得這種超能力，甚至恐怕凶多吉少呢！

　　想想：我們是否也有許多自己不知道的潛能，在既定的陳規、自我的成見中限制住了呢？這麼說當然不是要從現在開始學習穿過牆壁，不過下次遇到新的事物時，可以先不要說：「不可能，我一定不會」，不如說：「沒試過怎麼知道不行？」「讓我試試看吧！」

（2003.2.25　人間福報）

［參考貓書］

　　《穿牆貓》，羅伯·海連著，
皇冠，1986。

尊貴氣派——多麗斯·萊辛《貓語錄》

英國女作家多麗斯·萊莘（Doris Lessing）的寫貓小品《貓語錄》，原名為《大帥貓的晚年》（The Old Age of El Magnifico），寫的是她飼養的一隻優雅帥氣、威風凜凜的貓咪。牠有著一身黑亮的皮毛，臉部、胸前及腳掌是雪白的，就像一位穿著黑西裝、白襯衫的紳士，每個人看到牠都不禁讚嘆：「好漂亮的貓啊！」

然而歲月不饒人，在大帥貓14歲（約等於人類85歲）的時候，肩膀上長了一個癌，必須切除包括肩膀的整條前肢，否則將活不過兩個月。切除前肢，這對愛牠的家人來說是一個不得已且痛苦的決定，對大帥貓來說，更是一場可怕的夢魘。牠這輩子都信任的家人竟然把牠關進籠裡，把牠丟在陌生的醫院中，在一連串的恐懼、掙扎、麻痺之後，當牠醒轉，竟然少了一條前腿。家人來接牠了，一路上不停地安撫牠，牠卻不再相信他們。牠覺得被背叛了，被侮辱了。一連幾天，牠千方百計地想逃走……雖然，後來牠漸漸恢復了對作者的信任，也恢復了體力，但一切似乎和原本不一樣了。牠不再每晚依偎在主人的枕畔，有時會被惡夢驚醒；牠也不再和附近的貓咪往來，顯得寂寞而消沉；偶爾因判斷失誤、鼻子撞到地面摔倒時，任誰都看得出：牠的尊嚴受到了嚴重的傷害。

　　貓咪是很有自尊心的動物，尤其是一隻曾經倍受寵愛、派頭十足的公貓，蕭條的晚年令人欷歔。也許有人會說：動物只知苟全性命於世間，真的會像人類一樣，懂得什麼是尊嚴、什麼是屈辱嗎？這一點，萊辛書中的一段話可作解答：「任何肯細心去觀察的貓主人，都會比那些用權威方式研究牠們的人更懂得貓。」

　　萊辛充滿同情心的關照，深入貓咪最幽微的內心世界，使我們看到：天生萬物都是有感覺、有尊嚴的；對任何人、物輕忽怠慢，都是非常殘忍的事。

（2002.10.26　人間福報）

[參考貓書]

　　《貓語錄》，多麗斯‧萊辛著，
時報，2002.6.24。

不分彼此——路易斯・賽普維達
《教海鷗飛行的貓》

　　高傲獨立的貓咪，常給人冷漠、自私、「自掃門前雪，不管他人瓦上霜」的印象，其實根據動物學家的觀察研究，貓咪也是懂得互助合作、互相幫忙的，如農場裡的母貓們常常不分彼此地一起照顧小貓，有時迷路的小貓誤跑到另一隻母貓的窩裡，那隻母貓也會讓牠吸奶，完全視如己出，可見貓咪也是有牠善良合群的一面。在《教海鷗飛行的貓》中，智利作家路易斯・賽普維達（Luis Sep veda）更把貓咪塑造為既善良又有責任感的動物，牠們不僅彼此友愛，也願意去愛通常被視為貓咪食物的鳥類——海鷗。

　　不肖的船隻業者在港口清洗油槽時將廢棄的石油隨意排放，污染了海水，也害死了許多無辜的生命。海鷗肯嘉在海上飛行、覓食時，不幸沾到了石油而飛不起來，雖然牠跌跌撞撞地拼命掙扎到了岸上，卻已又病又餓，好心的大胖黑貓索爾巴斯盡力想救治牠，但已回天乏術。肯嘉在臨終前用盡最後一絲力量生了一顆蛋，並臨危托孤，要索爾巴斯將小海鷗孵出來、撫養長大，並且教牠飛翔。飛翔，這可難倒索爾巴斯了：貓咪雖是能跑能跳的運動健將，卻是飛行的門外漢，不過靠著秘

書、萬事通、科隆奈羅等一干貓朋友的集思廣益、挺身相助，終於達成了這個mission impossible不可能的任務……

被視為鳥類天敵的貓咪竟然成為海鷗的救命恩人及最佳奶爸，乍聽之下有點離譜，但是文學想像的世界本就不是科學理性所能局限，更何況貓咪也並非那樣嗜殺，雖然他們天生是肉食動物，但如果有充足的貓食果腹，牠們和主人家中飼養的鸚鵡、金魚、黃金鼠等，通常也都相安無事，甚至有變成朋友的可能，如筆者家中的波斯貓，就很愛跟天竺鼠玩耍；如書中的索爾巴斯所說：「對於不同種的動物也可以欣賞、尊重、喜歡。去接納、喜歡一個同類的動物，是很簡單的事，但如果是不同的種類，那就困難很多。」如果人與人、人與動物之間能彼此欣賞、尊重，社會必會祥和得多，生態問題也不會那麼嚴重了。

（2002.12.31　青年日報）

[參考貓書]

《教海鷗飛行的貓》，路易斯‧賽普維達著，晨星，2003.5.26。

深情款款──萊・魯特里奇《貓咪情書》

　　萊・魯特里奇（Leigh W. Rutledge）是美國著名的愛貓作家，家中養了三十隻貓，而且數量還在持續增加中，著有《貓咪日記》（Diary of a Cat）、《貓咪幸福宣言》（A Cat's Little Instruction Book）等深受貓迷喜愛的作品。這本《貓咪情書》（Cat Love Letters：Collected Correspondence of Cats in Love）是以貓咪的立場和口吻寫成的六篇書信體短篇小說，讀之頗能滿足人性偷窺的慾望，而且八卦的主角又是貓迷心目中比任何影劇明星、政治人物還「偶像」的可愛貓咪，一封封滿載痴纏愛戀的信箋，訴說了一段段刻骨銘心的愛情故事，貓咪們為情所困的情態躍然紙上，情節有時幽默、有時懸疑、有時感人至深，讓人一讀便廢寢忘食、欲罷不能。

　　熱情的唐雅主動向比其告白，卻在熱戀後因「我們貓類終將是孤單、分離、獨居的」而離開比其；雪球為辣妞意亂情迷，慷慨地把貓薄荷和塑膠球奉獻在她門前，卻始終得不到她的青睞；青梅竹馬的莎絲塔和白襪因人為因素被拆散，莎絲塔為此憂鬱成疾，白襪為了與她相聚不惜冒險藏在行李箱裡搭飛機；妮芙蒂和布布這對冤家，相好時情話綿綿，卻為了一隻塑膠老鼠的所有權而反目成仇、大打出手；小白貓明蒂大膽地與忠誠、深情的聖伯納犬談了一場受到非議與側目、「超越種

族」的戀愛；年紀一大把的梅寶與老弊扭擦出愛情的火花，原已逐漸衰微的生命再度充滿了青春與活力……

沒養過貓的人看這本書的時候，很可能會一笑置之地說：「貓咪真的會想那麼多嗎？」「作者的想像力太豐富了吧！」但作者在〈後記〉中說了：「本書中所有的角色都是根據真實的動物所撰寫。」養過貓的人一定會發現，貓咪也會為愛情而迷惑、苦惱、狂喜、哀愁……，有時是「只羨鴛鴦不羨仙」的兩情相悅，有時是無奈的生離死別，有時是難解的三角習題……牠們為情牽腸掛肚的程度，絕不亞於圓顱方趾的人類。

把所有動物的覓食、求偶都一言以蔽之曰「本能」，把所有訴說動物思緒的作品都一言以蔽之曰「擬人」，是把動物想得太簡單了。愈了解動物的人，會愈減少一些人類的自大，而對萬物多一份尊重。

[參考貓書]

《貓咪情書》，萊·魯特里奇著，新雨，2000.4.25。
《貓咪日記》，萊·魯特里奇著，新雨，1998.6.15。
《貓咪幸福宣言》，萊·魯特里奇著，新雨，1999.10.1。
《貓的美麗與哀愁記事》，萊·魯特里奇著，新雨，2002.12.1。

美麗傳說──史蒂芬妮・薩麥克
《世界上真的有聖誕老貓》

　　在聖誕節這個熱鬧歡樂的日子裡，人們總是既興奮又忙碌地準備著聖誕卡、聖誕禮物、聖誕樹、聖誕大餐……而這些五彩繽紛的彩球、綵帶、花圈以及香噴噴的菜餚自然會大大吸引貓咪們的注意，牠們不是像管家婆般(讓人提心吊膽地)在這一切之間遊走、巡視，就是像搗蛋鬼般把一切撕扯、啃咬、碰撞得亂七八糟。有沒有想過這些令人頭大的行逕，對貓咪來說卻是理所當然，甚至可能是光榮的傳統與神聖的任務呢？

　　被譽為「麥迪遜大道貓淑女」的史蒂芬妮・薩麥克（Stefanie Samek），以一隻年長的作家貓的口吻，在《世界上真的有聖誕老貓》（A Cat's Christmas）中，以剛出茅廬的小貓們為對象，娓娓述說聖誕老貓的傳說、貓咪聖誕節的歷史淵源、世界各地貓咪過節的習俗，並循循善誘地教導小貓如何裝飾聖誕樹、製作賀卡、包裝禮品、準備晚宴，還不忘提醒後生在狂歡中放鬆心情、保障安全的密訣。

　　在這本書中，貓咪在聖誕節前必須用嗅覺找出家中所有陌生的東西，包括禮物、裝飾品、客人，如此可得到宇宙神力的庇佑；嗅聞、摩擦、搔抓、攀爬聖誕樹，是檢驗聖誕樹是否完善的必要守則；滾燈泡、拉著彩帶到處跑、把裝飾品藏起

來、突襲餐桌……都是貓咪聖誕節的傳統遊戲（而且在這些遊戲中，人類通常是檢場或助手）；在卡片上刮出爪痕、印上腳掌，則是最流行的DIY，為的是製作出創意十足、風格獨具的卡片……

　　至於世界上是不是真的有聖誕老貓、真的有貓咪聖誕節的種種傳說與習俗，都已經不重要了，看看貓咪表現出非比尋常的活力與興奮，誰能說牠們沒感染到聖誕節的歡樂氣氛呢？別以為牠們只是在胡鬧，從貓的眼光來看，牠們可是很認真、很投入地在過這個節日呢！所以，下次看到你家的貓兒拉著一長串的燈泡跑過客廳，與其氣得跺腳，不如把它當作餘興節目拍手叫好；過節嘛！放輕鬆點，你會發現貓咪是派對中最能帶動人氣、炒熱現場的小天使呢！

[參考貓書]

　　《世界上真的有聖誕老貓》，史蒂芬妮‧薩麥克著，藍瓶文化，1999.10.1。

喵嗚繪本室

獨當一面──蔡志忠《貓科宣言》

　　政策的搖擺，經濟的衰頹，很多政治觀察家都指出：政府的用人出了問題；說到這點，我覺得每個政治人物都該來看看這本《貓科宣言》。

　　知名漫畫家蔡志忠先生，十五歲中途輟學以後，隻身到台北，跨出自己的獨立人生。他的畫風宜莊宜諧，落筆自在，且致力於研讀中國古籍和佛書，藉著圓滑溫潤的線條、深入淺出的演繹，讓讀者分享他的生命哲學，《貓科宣言》是一本值得推薦的書，它和一般人云亦云的勵志小品不同，有著令人耳目一新的見解，是一位在生活中修行的、先知先覺的智者，顛覆傳統思維、走在時代尖端、並領導時代，呼召大家做一隻獨當一面的好貓的「貓科宣言」。

　　以前，我們相信「三個臭皮匠，勝過一個諸葛亮」，這話是真的嗎？其實有時候三個門外漢想出的策略，並不如一個專業人士的意見。以前老師常說：「失敗為成功之母」，蔡志忠卻說「失敗是穿腸毒藥」，吃多了會腐蝕自信，而失敗的原因大多是高估了自己的能力。以前我們相信只要自己比別人多花十倍、二十倍的時間與力氣，就能獲得更大的成就，蔡志忠卻一針見血地說：那是「無能的人所使用的辦法」，使自己的力量作更有效的發揮，比長時間的努力更重要。這個打破舊

習慣、建立新觀念的過程，就是從唯唯諾諾的「犬科物種」蛻變、突變為獨立自在的「貓科物種」的過程。

蔡志忠用貓來替代人的角色發言，生動又有趣指出：從前二十世紀是犬科時代，講求團隊精神、依附團體，聽從領導者的指示；貓科時代則截然不同，是人人各自獨立、強調專業出頭的時代。貓科物種了解自己的能力、洞悉客觀的條件，並致力於專業的養成、技能的躍昇；他不只是呆呆地服從上級的指示，而能獨當一面、洞燭機先、謀而後動，提高效率、減少失敗的機會。蔡志忠並宣告：二十一世紀即將是屬於貓科的時代。

本書出版於二十世紀末，如今二十一世紀已進入第四年，看看當今的政壇，不禁懷疑貓科時代真的來臨了嗎？政治人物口口聲聲「團隊」、「團隊」，卻不重視專業，經發會與會的都是不懂經濟的人，推行政策前沒有完善的規劃，以致效率低落、漏洞百出，出紕漏了就推來推去，沒有人能獨立承擔，看來當今政壇大多還是「犬科思維」的人吧！如此焉能不被時代洪流所淘汰？當政者的智慧，關乎國計民生。以下這句話乍聽有點誇張，卻是小女子的肺腑之言：希望每個當政者都把《貓科宣言》當作「聖經」好好讀一讀吧！

[參考貓書]

　　《貓科宣言》，蔡志忠著，時報，1999.2.8。

歡喜冤家——幾米作品中的貓及其他

　　做為一個肉食主義者，貓咪在食物鏈中總給人爭強鬥狠的印象，在一般的卡通世界中，貓咪面對其他物種如狗、鳥、鼠等時，似乎總是「不是你死、就是我活」的勢不兩立，不過仔細想想，如果沒有必須提防的對手、沒有想要追求的目標，這樣的生活雖然安逸，是不是也有點無聊呢？也許牠們之間有著唇齒相依的微妙關係呢！

　　幾米的繪本溫馨明朗、富於趣味及想像力，引人遐想、引人深思，網站上稱他的作品「讓『圖像』」成為另一種清新舒潔的文學語言，在他的作品裡營造出流暢詩意的畫面，散發出深情迷人的風采。」在繪本《森林唱遊》中，貓咪與其他動物間的關係也非常耐人尋味。如〈等待流星〉這幅畫中，月夜下、樹稍上，狗、貓、鳥三隻彼此追逐的小動物都累壞了，停在同一棵樹、不同的枝椏上欣賞月色、等待流星。也許第二天，牠們又會開始追逐、互咬，不過在這一刻，牠們豈不是共同分享著美好而私密的時光的伴侶嗎？另一幅〈貓生病了〉中，更說明了貓鼠之間看似互剋、實則互依互存的吊詭關係。貓生病了，老鼠不必再成天提心吊膽；剛開始牠很「得意」地大聲朗誦詩集、很「囂張」地倚在窗口賞月，彷彿想故意氣氣那隻有氣無力的病貓；但幾天以後，貓咪的病還是沒好，老鼠

開始覺得渾身不對勁，終於也病倒了。仔細想想，沒有貓咪，老鼠上竄、下跳、左躲、右閃的一身絕技豈不全無用武之地？

　　有許，有些人天生就是「歡喜冤家」；個性明明不同，卻是不鬥嘴就沒趣；立場明明不一，卻是不打不相識；意見不合的兩人，可能骨子裡唱著相同的調調；脾氣「相剋」的兩人，可能變成「互補」的一對；針鋒相對的敵手，可能無形中是激勵彼此精益求精的戰友。想想看一個沒有反對黨的國家，雖然安定，是不是比兩黨或多黨制衡的國家更少改革、甚至更容易腐敗呢？所以，下一次遇到你那命中註定的冤家，與其「仇人相見分外眼紅」，倒不如謝謝他讓你的生活更精彩、更有活力呢！

（2002.3.23　金門日報）

[喵語錄]

我要誠實地說，我從沒見過一隻道德的貓。

～～(美)傑克・史密斯(Jack Smith)，
《洛杉磯時報》作家

寂寞況味──凱西・陳
《寂寞殺死一隻貓》、《有沒有貓》

　　西諺說：「憂慮殺死一隻貓。」又說：「好奇心殺死一隻貓。」有沒有想過「寂寞」也會殺死一隻貓呢？

　　在一般人心目中，貓咪是很不怕寂寞的；不過從另一個角度想想，或許貓咪只是默默地在忍受著寂寞……當寂寞足以殺死一隻貓的時候，那是怎樣深重的寂寞啊！

　　寂寞說起來很具體，也很抽象；說出自己的寂寞很容易，說得讓第二個人也能感受到卻不容易；寫寂寞、畫寂寞，「文具天后」凱西・陳可以說是掌握得最精準、最絲絲入扣的繪本作家了，讀她的寂寞，讓人有一種「搔到癢處」的感覺……像是看到少年時期死黨傳來的紙條，是那麼「真」的寫著、畫著她的心……一顆單純而脆弱的心，被寂寞吞噬是怎麼樣的滋味呢？──一隻純白的、有著灰藍血統的貓咪，被龐大血腥的怪獸碾過──稚嫩的小貓無聲地倒在自己的淚流成的灰藍湖泊中，這樣的畫面怎不教人刺心？

　　貝多芬創作《命運》交響曲時，桌上放著他抄自埃及廟宇碑文的字條：「我就是我，現在，過去，未來，我就是一切。世上的凡人誰也不曾掀起我的面紗。每一個人都是孤寂

的，也就是由於這孤寂，使每一件東西都有其存在的本質。」其實人生在世，每個人都是孤獨的；就拿生病來說，旁人再怎麼同情，也不可能完全了解當事人生病的滋味，更不可能替他生病。孤獨是生命的原型。每個人的內心，都有一個稚弱的小孩──就像那隻凱西貓；每個人的血液裡，或多或少也都有凱西貓「灰藍血統」的憂鬱成分；只是有人用嘻笑怒罵、或正經八百，來排遣、掩藏內心的寂寞；有人則細細地、深深地咀嚼它，把它描摩出來，那何嘗不也是人生的一部分真相呢？

　　《有沒有貓》繼續《寂寞殺死一隻貓》中寂寞的話題，因為夜太靜，想有個貓陪著喝牛奶；但是有貓陪伴就不寂寞了嗎？「寂寞不是有沒有朋友的問題，是有沒有人在心裡的問題」（《有沒有貓》），但心裡有人就不會寂寞了嗎？「心裡偷偷藏了一個人，以為從此不寂寞，可是啊……寂寞卻更寂寞」（《寂寞殺死一隻貓》），看來寂寞是永遠排不去、解不掉的，只有繼續與它為伍，在它的空氣裡儘量堅強而快樂地呼吸吧！

（2004.1.6　更生日報）

[參考貓書]

《寂寞殺死一隻貓》，凱西・陳，大田，2001.5.28。
《有沒有貓》，凱西・陳，大田，2002.3.26。

悠哉游哉——陳大為、阿頓《四個有貓的轉角》

　　散步是良好的運動，也是一種悠閒的享受。曾任大陸政協副主席的包爾漢，晚年每天三次散步，早飯後七百步，午飯後八百步，晚飯後六百步，享壽九十五；哲學家康德每天固定在下午四點的時候到村子裡散散步，村裡的人都把他當成「時鐘」，如此三十年如一日，身體因之轉弱為強，活到八十多歲。這不僅是因為散步對神經、呼吸、消化、肌肉、血液循環等，都有鍛鍊的作用，更因為散步有助於心境的平和。有人把散步叫做「散心」，可見不僅是腳在散步，心也在散步。漫無目的地走著，自然而然看見平時不容易察覺的人物、植物、動物，悠哉游哉地與萬物一同呼吸，享受無憂無慮的自在……身心康健，不長壽也難哪！

　　由陳大為撰寫的〈四個有貓的轉角〉，原本收錄於王盛弘、郝譽翔等合著的散文集《我在這裡散步》一書，書裡記錄三十種散步的路線、心情和記憶，有國內的，也有國外的；散步時同行的，有子女、有長輩，最特別的是〈四個有貓的轉角〉，與作者夫婦一起晚間漫步的是巷弄間四個轉角的貓咪們；這則生動有趣的小回憶錄後來由插畫家阿頓搭配美妙的圖畫，成為一本圖文並茂、令人愛不釋手的精緻繪本。

　　故事背景在台北新店碧潭山上的「美之城」社區，那裡住著好幾群野貓，分佈在作者每天散步必經的四個巷口轉角處。第一個轉角是雜色貓的地盤，第二個轉角有兩隻公貓，第三個轉角是「白貓帝國」，第四個轉角是狗狗的地盤，只有一隻大饞貓⋯⋯這些貓吃完作者夫婦帶來的魚罐頭後，會陪他們看風景、賞月，並歡送他們到巷口⋯⋯文字敘述饒富詩意，畫面更經營出夢境般的迷離靜謐，而那一個個群貓相伴、美得不真實的月夜，卻是發生在最平實的生活之中⋯⋯

　　家貓並不會讓你用繩子牽在手中亦步亦趨地散步，但相信許多有散步習慣的人都會經常發現野貓的行蹤，如果用點心，很可能和他們變成好朋友，日本作家村上春樹就常和路邊的貓玩耍，宮崎駿動畫《心之谷》中的少女阿雯也因為邂逅一隻無主的胖貓，而發現一片新天地⋯⋯如果你看過貓咪迎著晚風沉思的神態，一定會相信貓是最了解夜之美及其奧祕的動物，鮮少有人類能達到那樣空靈的境界，貓咪實在最懂得散步、散心的靈修者呢！

[參考貓書]

　　《四個有貓的轉角》，陳大為著、
阿頓繪，麥田，2002.4.2。

藝術品味——佐野洋子《感性的貓》

　　獲獎無數的繪本作家佐野洋子，以長年愛貓人的具體體悟，在《感性的貓》一書中，將她飼養過的貓、朋友家的貓、在世界各地看到的貓，以清新的筆觸、富有神秘感的畫風，圖文並茂地寫出、畫出了貓咪的萬千風情。

　　貓咪好像是天生的藝術家，牠總是那麼自得其樂地，品味著周遭的優美與寧靜。藝術品味可不是有錢人、有錢「貓」的專利。春天來了，公寓裡的貓咪對著窗口的陽光徐徐地洗著臉，時間好像靜止了，窗外的花花草草好像一幅風景畫，而貓咪也是這風景的一部分；在羅馬競技場上，黃昏時分，貓咪們動也不動地凝視著夕陽，好像在靜靜地祈禱似的。有時，貓咪本身就像是一尊完美的藝術品，佐野洋子說牠們的坐姿「腳的擺法、尾巴的捲法，都像是計算過的」，如果說經常欣賞美好的事物，能在潛移默化中美化氣質，貓咪可真是最有氣質的動物了！

　　仔細想想，自己有多久沒有靜下心來，用超過半小時的時間——或者只有十分鐘也好，去觀賞一朵花、一幅畫，或者也不觀賞什麼(甚至閉上眼睛)，只是靜靜地去體會光陰的挪移？如果連這十分鐘都抽不出來，就算總是心神不寧、煩躁不安，甚至什麼事都做不好、身體健康也拉警報，也不足為奇了！

　　如果覺得生活太過粗糙、缺乏美感，學學「感性的貓」吧！敝見認為牠們的境界，比諸「採菊東籬下，悠然見南山」的陶潛亦不遑多讓呢！

（2003.9.26　更生日報）

[參考貓書]

《感性的貓》，佐野洋子著，耶魯，1998。
《那邊的女人，這邊的貓》，佐野洋子著，方智，2002.2.27。

散播歡樂──吉澤深雪
《瞌睡村不可思議的馬鈴薯》

　　喜歡收集帶有貓咪圖案的物品的人，對生活雜貨設計師吉澤深雪筆下的「Cat Chips」一定不陌生。Cat Chips是由青花魚、喬尼、花吉、三毛……等十八隻感情很好的貓咪兄弟組成，毛色各有千秋、神情姿態各異、角色鮮明活潑，牠們共同的座右銘是「過著典型的貓生活」。Cat Chips曾出現在明信片、月曆、餐具、衣服……等三百多種商品上，《To Be 漂亮寶貝－洗澡魔法書》、《To Be 生活高手－雜貨當家》等書都是以Cat Chips為插圖；他們圓滾柔軟的身軀、天真無邪的笑容，在滾滾紅塵的各個角落愉悅了無數人(尤其是愛貓族)的心；可愛又快樂的牠們，的確是優質生活的最佳代言人。

　　吉澤深雪的純圖畫書不多，《瞌睡村不可思議的馬鈴薯》是其中的一本，描述「西西島」（Cat Chips Island）上的瞌睡村中住著十八隻貓咪兄弟，有一天在庭院鋤草時，無意間挖到一棵馬鈴薯，它的樹根很長很長、長了一連串的馬鈴薯，兄弟們合力拔出來，在庭院堆成一座馬鈴薯山；放著不管也不是辦法，就分工合作將它們做成薯條，沒想到非常好吃，於是就開了家「西西兄弟薯條」店，客人大排長龍、各國的船隻都紛紛駛來西西島買薯條，貓咪們忙得連睡午覺（他們平日最重視的

活動之一）的時間都沒有；不過他們完全沒有打算賺錢，賣了那麼多薯條、工作得那麼辛苦，由於賣得很便宜，扣去油、圍裙、紙袋的費用，只是剛好相抵而已。幾天後院子裡的馬鈴薯都賣完了，他們就關門大吉……不過青花魚悄悄地把剩下的一顆馬鈴薯埋在庭院角落裡，未來的某一天，美味可口的「西西兄弟薯條」或許會重新開張吧！

　　分享的快樂不會減少，而會成等比級數地加乘、加倍。瞌睡村的貓咪們挖出了不可思議的馬鈴薯山，卻完全不想藉此「撈一票」，只是以「好東西要和好朋友分享」的心理，把美食分給大家享用，馬鈴薯吃完了，他們就恢復原本平靜的日子，完全沒想到「申請專利」、「擴大營業」這類複雜麻煩的事情，這在有生意頭腦的人看來，或許是太可惜了，但換個角度看，毫無心機的他們也因此少了許多煩惱，《聖經》有句話說「清心的人有福了」就是這個道理吧！

[參考貓書]

《瞌睡村不可思議的馬鈴薯》，吉澤深雪著，暢通文化，1999.1.1。
《急智歌堂快樂的管絃樂隊》，吉澤深雪著，暢通文化，1999.3.1。

靈魂伴侶——史塔頓《親親小貓哈尼邦》

　　失去寵物——有一個更好的說法是「同伴動物」——的心情，一般不曾和寵物共同生活、建立親密關係、擁有深厚感情的人是很難體會的；如果你正處於失去摯愛的傷痛中，或者如果你的朋友正因心愛寵物的去世哀慟不已，而沒有人知道該如何安慰這顆傷逝的心，那麼看看這本《親親小貓哈尼邦》（Honey-Bun），應該是個很好的建議。

　　本書作者是曾在英美兩地任教多年的人智學者暨插畫家史塔頓女士（Anne Stockton），她與兩隻貓一同生活，其中她特別喜愛的「哈尼邦」是一隻薑汁色的4歲公貓，由於長期相處下培養的默契，作者覺得他簡直與人無異，他們互相理解，心有靈犀。然而有一天，這隻在作者心目中完美無瑕、無可取代的貓，不幸在路上被某個魯莽的超速駕駛人撞死。89歲高齡的史塔頓女士，從未想過她的「兒子」——她是這麼稱呼哈尼邦的——會比她更早一步離開人世；她以帶著淡淡哀愁的心情文字、秀異的粉蠟筆畫和學者的哲思，娓娓述說、細細畫著她和哈尼邦的過往回憶，動物與人類之間超越語言的特殊情感，以及失去靈魂伴侶的復原心路。

　　許多人以為貓咪冷酷無情，那可能是因為他並未對貓付出相當的愛和尊重，也可能是因為他太忙、太粗心了，沒能

細細領會貓咪那埋得很深、卻很真的細膩感情。史塔頓女士認為，貓咪其實非常善於察言觀色，牠可以察覺到人們的需求，為人們療傷止痛；「當你生氣的時候，貓咪會替你處理掉負面的情緒。換句話說，他們會把你的心取出，撫平之後，再送還給你」。我也有過這樣的經驗：因某事而悲從中來、默默掉淚時，家中無一人察覺，最先走過來、依偎在身邊、靜靜地陪著我平復情緒的，就是貓咪。牠們實在是既敏感又貼心的伴侶。

「在靈魂的世界裡，人類會與動物欣然相遇，因為人不再那麼自以為是了。」也許有人以為和不會說話的動物是無法溝通的，但是我們用語言和人溝通時，卻常會有辭不達意、甚至禍從口出、越描越黑的情形；相反的，相知甚深的人無需言語，也能了解彼此的心意；放下人類的自大，接受動物是同樣具有靈魂的地球村民，那麼無需科學的深究，也不必上山求道，自然而然，就能明瞭人和動物之間互通的心電感應、肢體語言。

（2004.1.29　更生日報）

[參考貓書]

《親親小貓哈尼邦》，史塔頓著，
布波族，2002.3.7。

喵嗚童書房

泛愛萬物──邱若山《神氣貓》

　　《神氣貓》是邱若山在《國語日報》上長期連載的漫畫作品，一直深受小朋友歡迎，並在1998年由時報文化出版為單行本。

　　貓狗同寢不稀奇，貓鼠同籠不稀奇，貓咪和蟑螂做朋友才稀奇。許多人家中的寵物貓都常把蟑螂抓來當踢棍球般戲耍，直到蟑螂逃之夭夭或七葷八素了才肯罷休。而邱若山筆下的神氣貓不但把蟑螂當成最佳玩伴，而且是互相幫助、彼此尊重的好朋友；牠們一起玩耍、一起覓食、一起賞雲賞月、一起靠著牆壁睡午覺。有趣的是，畢竟是兩個相異的物種，相處時難免「凸槌」；如神氣貓跳繩、玩球時，常不小心弄傷小蟑螂；有一回神氣貓拿放大鏡看小蟑螂，差點讓小蟑螂燒起來；還有小蟑螂從垃圾堆找來送給貓的狗餅乾，貓卻做嘔拒吃狗食；貓咪找來給小蟑螂的一小塊蛋糕，小蟑螂卻呸道「我才不吃蒼蠅吃剩的東西！」在這些小誤會中，兩個朋友學習從對方的角度看事情，並彼此接納、體諒互異的部分。

　　有一回神氣貓把漂亮的蝴蝶抓起來做成標本，小蟑螂卻氣憤地罵牠「血腥屠夫、瘋狂兇手」；還有一回神氣貓沉迷於打打殺殺的電玩，變得面露兇光、殺氣騰騰，被小蟑螂罵為「神經貓」；也許是因為有了小蟑螂這個朋友的影響，使神氣貓更

加愛護、同情幼小,有一回看到鳥籠裡的小鳥,雖然心裡不禁想到「看起來滿好吃的」,但看牠驚慌顛仆的可憐樣,卻把牠放走了;還有一回看到一隻死老鼠,不但沒有拿牠果腹,反而流著淚把牠埋葬祭拜。

拒當寵物、逍遙自在的神氣貓是自然保育的擁護者,仰望天空白雲的變幻,俯看溪底的游魚,聆聽森林裡的蟬叫,常讓牠不由得讚嘆這個世界真奇妙、活在地球上真幸福;但有時帶著愉快的心情郊遊,卻看到工廠排放的廢氣、廢水污染了環境,不禁痛罵人類太無知。

《神氣貓》不但詼諧逗趣,而且透過一隻心地善良、富正義感的可愛貓咪,傳達了「泛愛萬物,天地一體」、愛護動物及大自然的環保意識,是相當值得推薦的幼教教材。

【參考貓書】

《神氣貓》,邱若山著,時報,1998.9.15。

無情有思──佐野洋子《活了一百萬次的貓》

　　日本知名的繪本作家佐野洋子，其童書《活了一百萬次的貓》的圖文在網路上廣為流傳，不但有網友們用依媚兒逐相傳閱，還有不少網站把它貼在網頁上；雖然在智慧財產權的保護上不是好現象，但可以見得本書受歡迎的程度。

　　這隻活了一百萬次的貓，在每一次的生命旅程中，都獲得了人們的喜愛或重用。牠是國王的寵臣，是漁夫的夥伴，是馬戲團的明星，是老婆婆的貼心伴侶。牠被人捧在掌心，日子過得無憂無慮，也得到了真誠而豐沛的愛；可是牠卻過得一點也不快樂，過世的時候，人們都哭得很傷心，牠卻無動於衷，乍看來實在是隻「身在福中不知福」的、無情的貓；不過從另一個角度想想，在牠的一百萬次生命中，都是隨著所謂「愛」牠的人的意願安排自己的角色；牠從沒過過自己真正想過的日子，也沒遇到自己真正喜歡的人；為了別人的愛，牠始終在為別人而活，沒有為自己活過，這樣還能說牠是幸福的嗎？還能說牠是無情的嗎？

　　終於有一次，貓咪不是任何人的貓；牠自由自在地玩耍、吃魚；後來牠愛上一隻白貓，由於牠的「傲慢」與她的「偏見」，讓牠「為情所困」了一陣子；不過當牠放下牠自以為是的高姿態時，她也放掉了無謂的矜持，與牠長相廝守，還生了

好多小貓；雖然牠必須養家糊口、照顧小貓，卻覺得每天都過得非常充實、快樂，這就是所謂的「愛人比被愛更幸福」吧！

「多情恰似總無情」，這隻外表看似無情、冷漠、粗心的貓，其實藏著一顆多情、纖細的心，由於多情，所以有一根最敏感的神經，能夠感受到什麼是真愛、什麼是真正的快樂，因此對於單方面的愛、虛假的快樂，就顯得相當冷淡而無情了！不過情感教人刻骨銘心，卻也是最教人肝腸寸斷的；白貓死了，這隻活過一百萬次的貓傷心得一直哭、一直哭，最後和白貓一起死了，這次，再也沒有活過來。

既然情會催人老，為何不把七情六慾捐棄，萬般不動於心，不就可臻於長生不死的境界嗎？但是正如西方有句諺語所說的：「未經長夜哭泣，未足以語人生」，沒有情感的活，即使可以活得超過一百萬次，卻不如有愛的活一輩子；有笑有淚的人生，即使短暫，卻比沒哭沒笑的漫長人生精彩、值得多了！貓遇到「讓你歡喜讓你憂」的白貓，開始用生命付出愛，心中有了牽掛，卻是最甜蜜的牽掛；終於能甘心地過完這一生，無悔無憾，安詳地死去。

（2003.8.13　青年日報）

[參考貓書]

《活了一百萬次的貓》，佐野洋子
著，上誼，2001。

活出自己——三原佐知子《小貓去散步》

　　不只一位作家曾經說過類似的話：貓咪的哲學就是做自
己。貓咪與人保持著「有點黏又不會太黏」的界線，彷彿擁有
自由意志與獨立思考，牠有自己的主體性，強調自我的完整，
不像狗那般唯命是從。這樣眼高於頂、睥睨媚行的物種，如果
亦步亦趨、跌跌撞撞地跟在別人後面，會是怎樣的畫面呢？

　　的確即使是這麼酷、這麼有個性的貓咪，在成長過程中也
有一段模仿期。對一歲以前的幼貓而言，母貓是主要的模仿對
象，包括學步、如廁、獵食……等。如果母貓不在身邊，會發
生什麼事呢？1942年出生於日本東京的三原佐知子，以自己家
中的四隻愛貓為模特兒，想像出小貓們首次離開母親、外出散
步發生的一連串趣事；並以她擅長的「孔版畫」，用輕快的線
條、套色的效果、巧妙的留白，充份呈現小貓活潑的動感。

　　天氣真好，小貓決定離開媽媽自己去散步，可是怎麼個
散步法呢？是蹦蹦跳跳？一伸一縮？還是排成一行齊步走？
蝗蟲、尺蠖、螞蟻、母雞……先後以前輩的身份，主觀地教導
小貓如何散步，小貓們一一模仿，卻走得怪模怪樣地「四不
像」；後來遇到鴨媽媽帶小鴉游泳，小貓也有樣學樣地一隻隻
跳進水裡，幸好貓媽媽及時營救，才免遭滅頂。

　　國小六年級的國語課本有一課〈模仿貓〉，故事情節和三原佐知子的《小貓去散步》頗有異曲同工之妙；是說一隻黑貓時常嫌棄自己、羨慕別人；牠羨慕公雞的叫聲、綿羊的白毛，又羨慕鵝會游泳、小鳥能飛；牠試圖模仿牠們，卻總是失敗，後來在無意間，聽到別的動物也很羨慕牠的黑毛不容易髒，又稱讚牠的舉止文雅，農場主人也很器重牠捕鼠的才能；模仿貓從此建立了自信心，善用自己的長處，不再隨便模仿別人了。

　　「模仿」本身並不完全是不好的事，而且是學習必經的路程；但如果沒有衡量自己的特色和能力，只是一味盲目地模仿，就可能是「東施效顰」、「畫虎不成反類犬」，像《小貓去散步》中的小貓一樣陷溺其中，迷失了自己；或是像〈模仿貓〉一樣充滿挫折感，泯沒了自己的才華。比較聰明的方法是：先了解自己的優勢和限制，再盡力發揮自己的專長，在這個過程中，雖然要有學習的對象，就像寫字必先臨帖，學畫必先臨摹；但絕不可以此為滿足，而要走出自己的風格，否則無論模仿得多麼像，也只是大師的拷貝版罷了。

　　　　　　　　　　　　　　　（2003.7.8　青年日報）

[參考貓書]

　　《活了一百萬次的貓》，佐野洋子著，
上誼，2001。

好之樂之——西卷茅子《喜歡畫畫兒的貓咪》

　　當你問一個在某方面卓然有成的人成功的秘訣，或是問他如何克服成長過程中或多或少必然會遇到的難關、挫折、瓶頸，他的回答，可能是長篇大論，也可能是一兩句話，但大抵都不會不提到的，就是「興趣」二字。我想應該沒有人對某種事業毫無興趣、甚至極端厭惡，卻把它當作畢生的志業、而且獲得極大的成就；如果有的話，這樣的人生想必不如一般人想像的那麼值得羨慕，甚至可說是太悲哀了。

　　在《喜歡畫畫兒的貓咪》中，白兔喜歡縫衣服，因為可以把破掉的衣服補好再穿；狐狸喜歡釣魚，因為釣到魚晚餐就有著落了；猴子喜歡做木工，因為可以蓋房子住，還可以把壞掉的椅子修好。而貓咪喜歡畫畫，卻不為什麼，只因為「畫畫很快樂」。他不會縫衣服、不會獵食、傢俱壞了也不會修，如果沒有這些朋友的幫助，恐怕他吃、穿、住都有問題；朋友都奇怪他為什麼要畫畫，問他畫畫有什麼用；貓咪也答不上來，只因為喜歡畫，而不停地畫著。

　　有一天下雨了，三個朋友無事可做，便到貓咪家來賞畫，貓咪把歷來的畫作沿著牆壁排好、掛好，他們雖然看不太懂，卻覺得很愉快，經過貓咪的提點，他們才發現那些抽象畫中也有白兔縫衣、狐狸釣魚、猴子蓋屋的身影，他們不禁哈哈大

笑、異口同聲地說：「看畫真是一件快樂的事呀！」

　　一個藝術家如果只為了成名、得獎、獲利而創作，其作品一定充滿匠氣，就算得名一時，也無法真正撼動人心，傳之久遠；「無所為而為」、發自內心的喜愛和感動，才能成就真正的藝術；在一般人看來，藝術家似乎不事生產、百無一用，其實不講效用、只「為藝術而藝術」，正是藝術家的精神；如果一定要從社會功利的角度來看，如書中的貓咪雖然在食衣住行上沒有實際的貢獻，但他的畫卻帶給大家歡樂、豐富了他們的精神生活，怎能說沒有用呢？

　　本書曾獲第十八屆講談社出版文化賞「繪本賞」，作者是日本畫家西卷茅子。西卷茅子曾表示創作幼兒圖畫書，是一件非常快樂、也非常困難的工作；因為創作繪畫時，不能只用成人的觀點來做考量，而要以孩子的想法來做主要的創作靈感，才能夠打動、滿足孩子的心。本書藉由四隻可愛的小動物，單純的情節，富有童趣的優秀插畫，來探索「畫畫到底有什麼用呢？」這個看似簡單、其實不容易理解的問題，不僅啟發了兒童，也教育了父母：「興趣」是快樂成長、有效學習的最佳良方。

[參考貓書]

　　《喜歡畫畫兒的貓咪》，西卷茅子著，青林，2002。

勤能補拙——格林童話〈傻子約翰幸運貓〉

雅各布和威廉・格林兄弟（Jacob & Wilhelm Grimm）是十八世紀的德國語言學家，為了保存、記錄民間文學，而廣泛採集民間文獻資料、傳說。1812年初版的故事內容和現在家喻戶曉的格林童話故事內容上差別很多，因為最初的故事來源為民間故事，脫離不了較寫實的社會現象，內容上較適合成人閱讀。格林兄弟花了將近五十年的光陰，將這些民間傳說潤飾為更適合兒童閱讀的刊物。哥哥忠於「口述歷史」，弟弟文筆優美，兩人共同創造出僅次於《聖經》的「最暢銷的德文作品」——《格林童話故事全集》，與《安徒生故事全集》、《一千零一夜》並列為「世界童話三大寶庫」。

所以，現在世面流傳的格林童話故事，不但刪除了原本民話中「兒童不宜」的部分，其中不少還頗有教育意義，不過並不流於說教，而是在多彩多姿的想像花園中，讓真理自然而然地萌發，如〈傻子約翰幸運貓〉便是一個具啟發性的故事。故事中的約翰是磨坊主人雇用的三個徒弟之一，一天他要這三人出門旅行、帶回一匹馬，誰的馬最好，就可以繼承磨坊。三人一同出發後，其中兩個聰明的徒弟嫌傻子約翰礙事，故意把他遺棄在荒郊野外。約翰正不知如何是好，遇到了一隻虎斑貓，帶他到一座城堡，要他好好工作七年，七年後必會給他好

馬。約翰聽了貓的話,就勤勤懇懇地開始工作,從割草到蓋房子,都老老實實地做好,毫無怨言;七年後,他不但帶回七匹良馬,完成了磨坊主人的使命,而且還成為城堡的主人——原來,那隻虎斑貓其實是個美麗的公主。

如果有人讀了這樣的故事,覺得這個傻子約翰的好運真是讓人羨慕,不妨試著想想:如果那兩個自以為聰明的徒弟不排擠傻子約翰,是不是也有機會遇到虎斑貓公主?如果傻子約翰做事投機取巧、偷工減料,是不是根本不可能獲得虎斑貓公主的重用和青睞,甚至沒做滿七年的「試用期」就會被炒魷魚了呢?

「傻人有傻福」,並不是傻子特別有福氣,而是因為傻,所以不會耍心機、走捷徑,就像電影「阿甘正傳」中的主角,雖然傻、卻很認真、很專注,一旦有了一個目標,就心無旁騖、「一步一腳印」地去做,直到成功為止;做任何事要成功,都需要這股擇善固執、堅持到底的幹勁與傻氣。

(2003.4.12　青年日報)

[喵語錄]

　貓是那麼神秘高貴狡猾陰鬱神經質的動物!

　　　　　～～(台灣)宇文正,作家

一技在身——格林童話〈狐狸和貓〉

俗話說：「萬貫家財，不如一技在身」，一技之長的確是無價之寶，即使是平常看來可有可無、微不足道的才能，必要時可能產生關鍵性的效果，甚至有時候多才多藝也未必比得上一技在身呢！

格林童話中有一則〈狐狸和貓〉的故事，狐狸是森林中受人尊敬的聰明動物，牠身懷上百種本領，而且還有滿口袋計謀；而貓咪只有一種本領，就是有人追的時候，會爬到樹上去藏起來保護自己。所以狐狸總是看不起貓咪，對貓咪頤指氣使的，神氣得不得了。不料有一回獵人帶著四條狗到森林打獵，貓敏捷地竄到一棵樹上，在樹頂上蹲伏下來，茂密的樹葉把牠遮擋得嚴嚴實實；狐狸卻還不及想計謀就已經被獵犬撲倒咬住了。

「行行出狀元」，即使從事的不是一般人眼中光鮮亮麗的行業，只要學有專精，加上日積月累的經驗，就會成為這方面的專家；在我們生活週遭，就有許多這樣的人，比如我們會說：某某理髮店的小姐，力道水溫都拿捏得最恰到好處、洗得最清爽，大家一傳十、十傳百，每次上理髮店都指名要她；某某油漆師傅的油漆刷得最漂亮均勻、價錢最公道，口碑載道的結果幾乎整個社區每戶人家的牆壁都是他漆的；某某肉販的

香腸最好吃，有一年春節因病歇業，不知多少人家的年夜飯都感覺失了味兒……還有通水管的師傅、大腸麵線的攤子……我們的生活，就是因為有這麼多各行各業的佼佼者，才會這麼豐富，這麼有意思。

即使是在一般人眼中並不起眼的才能，需要的時候也是非它不可；與其樣樣皆懂、樣樣不通，不如擁有一項人們總是指名非你不可的才能。不是每個人都能成為大人物，但每個人都能立志把自己的事做到最好；那麼假以時日，就會是這方面的箇中翹楚，甚至成為「一方之霸」也說不定呢！

（2003.4.8　青年日報）

[喵語錄]

一個小小的字眼「喵」，就表達出快樂、痛苦、幸福、喜悅、害怕和失望……簡言之，所有感受和激情的豐富層次，和這簡單無比的工具相比，人類的語言表意，算得上什麼呢！

～～(德)霍夫曼，作家、兒童文學家
(Ernst Theodor Amadeus Hoffmann)

哲思逸趣──《愛麗絲夢遊仙境》中的笑貓

英國數學家路易士・卡羅（Lewis Carroll，1832~1898），一日與一位朋友及三個女孩在牛津河上游野餐，其中最小的女孩愛麗絲要求聽故事，查爾斯便口說了一個天馬行空、瘋狂奇幻又充滿驚喜的冒險故事，這就是後來風靡全球的《愛麗絲夢遊仙境》（Alice in Wonderland）。

仙境中有許多奇妙有趣的動物，如戴著手錶的兔子、蘑菇上的毛蟲、會唱歌跳舞的假甲魚及鷹頭獅……等。這裡要談的是那隻忽隱忽現的笑貓（或譯「柴郡貓」）。笑貓有著一張上揚的大嘴，默默地蹲踞樹頭，說起話來非常玄妙，身體還會消失不見，只剩下一個頭、或一張嘴，像是一位「神龍見首不見尾」的世外高人。

愛麗絲第一次遇到笑貓時向他問路，他回問她想上那兒去？她回答：「去哪兒我都不在乎。」貓說：「那妳走哪條路都沒關係。」愛麗絲解釋道：「只要能走到一個地方。」「哦，那沒問題，」貓說：「只要妳走得夠遠就行。」

這幾句看似「問道於盲」的話，卻很有意思。人生不也是這樣嗎？再怎麼有目標、有計劃，前方仍舊充滿了未知、充滿了變數。有時候我們根本不知道該走向何處。但只要我們不原地踏步，邁開腳步，一直走一直走，就會不斷有新奇的事物迎

接我們。人生就像一場夢、一場探險，其中也許有令人手舞足蹈的事，也可能懊惱得像愛麗絲哭成了淚海；痛快地笑過、哭過，認識了各式各樣的人事物，不也就不虛此行了？

　　仙境中的動物們其實就跟現實的人間一樣，吵吵鬧鬧，慌慌張張，各有各的莫名其妙的心事、追求、驕傲、怨嘆等等，看來非常滑稽好笑；只有笑貓像是置身事外的覺者，笑看世間擾攘；偶爾冒出一兩句看似頗有玄機的話，點化一下不知何去何從的、迷途的羔羊；那張神出鬼沒、飄浮移動的笑臉，為愛麗絲的仙境，為孩提時代的夢境，欣悅地，幽幽地，開啟了形上思維的微妙的窗。

（2000.9　寶貝寵物雜誌）

[喵語錄]

　　我愛貓。我愛他們的優雅，我愛他們的典雅。我欣賞他們獨立的個性，也喜歡他們傲慢自負的態度，還有他們躺著、看著你、打量著你、抓傷你的方式，他們緊張不安、不眨眼的批判眼神，更是讓人覺得美好。

　　～～（美）喬伊絲・史翠吉爾（Joyce Stranger），愛貓作家

精明能幹——法國童話〈穿長靴的貓〉

　　法國著名童話作家夏爾・佩羅（Charles Perrault，1618~1708），〈睡美人〉、〈灰姑娘〉等美麗動人的故事，以及那隻精明能幹的〈穿長靴的貓〉，都是出於他的生花妙筆，為無數的孩童點亮了想像的色彩。

　　磨坊主人死了，兄弟三人分家，老大得到磨坊，老二要了毛驢，都是現成的生產工具，足以繼承家業而不愁吃穿，只有老三得到的是不事生產的貓咪。老三唉聲嘆氣，貓咪為了證明自己的價值並不比磨坊或毛驢差，就向主人要了一個袋子和一雙靴子，自信滿滿地出發，就靠著這兩樣簡單的資源，加上靈活的機智及手腕，為他主人謀取了尊位顯爵、龐大財產及美滿的婚姻（如果這隻貓生在今日，一定是個出色的明星經紀人或競選幕僚！）

　　貓咪要袋子是為了捉兔子等野味，以虛構的「卡拉巴斯爵爺」的名義獻給國王，打響主人的名聲；那麼要靴子做什麼呢？根據貓自己的解釋是「好讓我在荊棘叢中跑得快」，但從故事脈絡來看，一雙長靴對他的意義不僅如此，且看他在王宮從容應對，在皇室的隊伍中昂首闊步，因為這長靴使他不再是粗俗無文的野貓，而是一位彬彬有禮的僕人。

這隻貓比誰都了解「佛要金裝，人要衣裝」的道理。而且，老三善良正直，儀表堂堂，只是欠缺適當的環境，及一套體面的衣裳，所以一般庸俗的世人無法看出他美好的本質；有了貓咪為他準備的這些「包裝」，便襯托出了他高貴的品格，讓人尊敬信服；換作他那兩個自私蠻橫的哥哥，恐怕是「穿了龍袍也不像皇帝」。聰明的貓咪想必是了解老三的優點，才這般巧計盡施地幫助他。

嚴格說來，貓咪鑽營謀求、投機取巧的方式並不足取（簡直是涉嫌詐欺），但也證明了聰明才智的確比萬貫家財更有價值；再想想當今政界的宣傳及商界的推銷手法，不也是異曲同工嗎？任何「廣告」都難免有誇大、「膨風」之處，不過，只要那項「商品」的確有無法用金錢衡量的可取之處，對「消費者」或「投資者」而言，也就是「物超所值」了。

（2000.9　寶貝寵物雜誌）

[喵 語 錄]

　或許貓是愛熱鬧的，只是牠們不喜歡讓自己變成熱鬧本身。
　　～～（台灣）施美余，《中國時報》作者，2002.7.9

貪得無厭——哈孔‧比優克利德
《永遠吃不飽的貓》

「貪心不足蛇吞象」，那麼貪心的貓會吞下什麼呢？童書繪本大師哈孔‧比優克利德（Haakon Bjorklid）的作品《永遠吃不飽的貓》（The Very Hungry Cat），創造出了一隻越吃越肥的貓……

卡滋啦是一隻永遠吃不飽的貓。牠先後吃掉了主人夫婦、肥豬、掃煙囪的、牧師、新郎新娘、船長和船員、國王和月亮，把所有問「你吃飽了嗎？」的人都吞了，變得越來越肥，也越來越飢餓。有一天，卡滋啦遇見了太陽，牠對著太陽喊餓，還伸手準備要抓太陽來吃。結果，牠的肚子吃得太撐「砰」一聲爆炸了，月亮、國王、船員、船長、新郎、新娘……主人夫婦全都原封不動地跳出來。卡滋啦死了，所有的人都不再擔心了。

中國人的養生之道是：吃飯要吃七分飽；市面上以「吃到飽」為號召的餐廳，讓人吃到飽、吃到撐、吃到站不起來，其實是最傷身的。餓了想吃、冷了想穿，是正常的慾望；但飽了還想再吃，夠了還要更多，永遠沒有滿足的時候，就會讓慾望變成永遠填不滿的無底洞。貪求無度，超過了自己的能力，就會給週遭的人帶來麻煩，造成嚴重的後果，最後自己也得不償失。

　　人的「胃口」，也像這隻貓一樣，如果不適可而止，就會愈養愈大。想想看，那些事業投資得太多、擴充得太急、負擔的風險太大，以致破產敗家的；貪贓枉法，收賄日多，終究東窗事發的；沉迷賭場，越賭越大，終致身敗名裂的……不就像這隻永遠吃不飽的貓嗎？這本傳達了「節制」的觀念，兼具教育性和創意性的童書，不僅值得孩童閱讀，也值得大人引以為戒。

（2003.6.13　青年日報）

[參考貓書]

　　《永遠吃不飽的貓》，哈孔・比優克利德著，遠流，1997.9.1。

創意十足──詹‧絲莉萍、安‧賽得勒
《一隻頭戴鍋子的貓》

　　貓咪不像狗狗那麼聽話，好好的貓窩不睡，卻要睡在洗碗槽裡；替牠倒的清水不喝，卻要喝花瓶裡的水……不按牌裡出牌的行徑，常讓飼主又好氣又好笑；不過轉念一想，貓咪不用固定的方式來限制事物的用途，不也是一種創意思考，靈活運用的表現嗎？

　　由詹‧絲莉萍（Jan Slepian）、安‧賽得勒（Ann Seidler）合著、理查‧馬汀（Richard E.Martin）繪圖的繪本《一隻頭戴鍋子的貓》（The Cat Who Wore a Pot on Her Head），描繪出一隻迷迷糊糊、作風另類的可愛貓咪。她名叫班得姆蓮娜，有一天玩耍的時候，發現一個發亮的鍋子，就把它放在頭上當作帽子。這樣雖然很炫，卻遮住了她的耳朵，使她聽什麼都模模糊糊的；於是，媽媽出門時要班得姆蓮娜告訴弟弟妹妹把魚放進烤箱，她卻聽成把肥皂粉放到蛋糕裡；媽媽要熱湯，她卻以為要用熨斗燙牛肉片……就這樣張冠李戴、郢書燕說，等貓媽媽回家時，只見蛋糕上冒著肥皂泡，牛肉放在燙衣板上烤，椅子被釘在牆上，時鐘上穿著一件襯衫，水槽裡有一隻馬，客廳裡有一隻熊，還有大大小小的動物聚集在房子四周圍觀，牠們都從各地來看貓咪的家到底發生了什麼事。

　　貓媽媽看著所有的鄰居和朋友們，又看了看班得姆蓮娜的頭，以及她那些笑咪咪的孩子們。她想生氣也氣不出來了。她知道一切都是那只鍋子惹的禍。她請大家留下吃晚餐，並把班得姆蓮娜的鍋子拿下來，在鍋子兩旁會遮住耳朵的地方弄了兩個洞。這樣班得姆蓮娜就不會再聽不清楚了。

　　與常理常規不同的創意，雖然可能造成不便或混亂，卻也可能產生意想不到的效果，如故事中的小貓們誤打誤撞地把東西都放在平常不可能出現、放置的地方，雖然把家裡弄得一團糟，卻也創意十足，讓遠親近鄰都爭相來參觀這個特別的房屋，使這個本來再尋常也不過的房子，變成充滿了驚嘆號的熱門景點，還讓平時不易聚集的親朋好友們有了一場快樂溫馨、風格獨特的晚宴，這不也是「化平凡為神奇」嗎？故事中的媽媽並不因為孩子把家裡弄亂而輕易動怒，她先了解原因，再對症下藥，並且不遏止孩子把鍋子當成帽子的創意，而用折衷的方式解決。突破僵化的思考，不必花什麼錢，只要用生活周邊垂手可得的事物，也可以為生活點綴創意的花朵呢！

（2003.6.16　人間福報）

[喵語錄]

只有法國人，能了解貓兒精緻而狡猾的特質。
　　～～(法)提歐菲爾‧高提耶(The'ophile Gautier)，
　　　詩人、作家

千變萬化──于爾克・舒比格
〈哥哥、我和森林裡的貓〉

　　瑞士作家于爾克・舒比格（Jurg Schubiger）的作品，沒有起承轉合的邏輯、沒有為人處事的大道理，有的是童心嬉遊的一片天真。《當世界年紀還小的時候》被譽為一本「長翅膀的書」，每一則小小的故事，彼此並不連貫，但風格卻很貼近；沒有明顯的寓意，但很有味道，引人遐思，像是調皮的小精靈，飛翔在想像的國度，讓讀者也不知不覺跟著飛了起來。

　　〈哥哥、我和森林裡的貓〉是其中的一篇，故事中的三個角色：我、哥哥和貓，都具有「變身」的超能力，至於為什麼有，故事中並沒有交代，彷彿那是世上最自然不過的事。哥哥和我在森林裡玩的時候上看到一隻貓在哭，為了幫助牠、了解牠為什麼哭，他們一會兒把自己變成狼、一會兒變成蜘蛛、一會兒變成鴿子，但貓咪仍然哭個不停；後來他們失去耐性、罵牠笨蛋，貓咪就把自己變成了一個小女孩，告訴他們她迷路了、要他們帶她回家，他們照做了，並在路上和貓咪成了好朋友。至於他們為什麼會知道貓咪的家在那裡，也就「不是重點」、「不研究」了。

　　這個故事或許沒有預設什麼含義，只是讓創意自由自在地飛翔，但讓我不禁想到：小朋友為了要與貓咪進行對話而變

成動物，貓咪為了與小朋友進行對話而變成小女孩。我們要了解貓咪、要了解孩子、要了解對方⋯⋯是不是也都要經過「變身」，用對方的眼睛看世界，才能做更有效的溝通呢？雖然有時候「變」得不恰當，如故事中的小朋友把自己變成對方不信賴的動物，反而弄巧成拙，但是彼此不斷嘗試、調整，總有一天，立場、頻道調對了，就能夠聽到對方的聲音、傳達自己的心意。

　　這麼說來，于爾克・舒比格顯然是最成功的「變身高手」囉！他成功地把自己變成小孩，用童眼看世界；又成功地在故事中，把自己變成各式各樣的動物、植物甚至無生物，創造了一個千變萬化、萬物有情的世界。說到這裡，讓我再一次展開書卷，跟著他的生花妙筆，學學他的「變身大法」吧！

（2003.5.13　青年日報）

哇！

[喵 語 錄]

貓是一種最馴服、同時也是最野性的動物。
　　〜〜（法）荷莫・弗朗尼（Remo Forlani），
　　　　　　影評人、作詞者、小說家、畫家

冒險精神——波特《貓布丁的故事》

　　創造了家喻戶曉的「彼得兔」（Peter Rabbit）的英國童話繪本作家海倫・碧雅翠斯・波特女士（Helen Beatrix Potter），在「小兔彼得和他的朋友」系列中，講了一個小貓咪差點被做成布丁吃掉的冒險故事。

　　本書在1908年出版，故事中的老貓泰比莎太太是個愛操心的媽媽，一天她把三隻頑皮的小貓關起在壁櫥裡，以免牠們走丟了。但是最頑皮的湯姆（Tom Kitten）卻從煙囪溜掉了，爬進陰暗霉臭的閣樓裡，碰到巨大的公老鼠山慕，被老鼠太太安娜抓住綁起來，兩隻老鼠不但不怕貓，還決定把湯姆做成布丁當晚餐，泰比莎太太和鄰居瑞伯太太到處找湯姆，並請來警犬約翰幫忙，終於在千鈞一髮之際救了湯姆。從此以後，湯姆一看到老鼠就敬而遠之……

　　讀這個故事的時候，使我想起兒子小翔七個月大開始學爬的時候，我總是在地上鋪著兩床以上的被褥，不敢讓他直接在地板上爬，怕他不小心摔疼、摔傷了；因此，小翔總是在軟綿綿的棉被上恣意地翻滾、爬行，幾乎不知道地板是硬的，有時帶他到朋友家和其他的小朋友玩，就會發現他在光滑的地板上爬得很不順，爬行的力道和速度比同齡的孩子小而慢，有時一個不小心，就把頭撞到地上痛得哇哇叫；親友都告誡我要儘早

讓他適應地板的硬度，他遲早要學走、學跑，總不可能永遠不跌倒、不碰硬的東西吧！

為了鍛鍊小翔的運動神經，避免「過度保護」防礙了寶寶的身心發展，我好不容易克服了自己的心理障礙，讓他直接坐、爬在地板上玩，自己則小心翼翼、提心吊膽地在旁看顧著，但是意外總是在一瞬間發生，頭一秒還坐得穩穩的、玩得好好的，下一秒就突然一個翻身，把頭結結實實地撞到地板上了，然後少不了一場哭天嗆地，有一回還在眼睛旁撞了個黑青；不過正如朋友所說的，幾次以後，他就知道不能再像床上那樣任意地翻滾了，現在他爬行時已很少再撞傷，爬行的速度、活動的範圍都大有進展，整個家就像一個小型的冒險遊戲樂園呢！

許多幼教學者都曾指出，為了安全而把幼兒關在嬰兒床裡、綁在嬰兒車上，反而會阻礙孩子智能及體力的發展，因為幼兒是在遊戲中探索、學習的。真實的人生裡，有親情、有溫暖，卻也有危險和意外。我們應該儘量讓精力充沛、充滿好奇的孩子有更多的機會、更大的空間去認識這個大千世界，照顧孩子的方式是適時的協助，而不是刻意的限制。

（2003.6.16　人間福報）

[參考貓書]

《貓布丁的故事》，波特著，青林，
2002。

夢想飛揚——勒崑、辛得樂《飛天貓》

　　爾蘇拉・K・勒恩（Ursula K. Le Guin）是少數幾位受到當代英美主流文學界重視的奇科幻作家之一。她深受老子與人類學影響，作品常蘊含道家思想，寫作手法流露民族誌風格。童書繪本「飛天貓」（Catwings）系列以鳥類與貓類不可思議的結合，勾起了人類天馬行空的幻想，配上畫家S・D・辛得樂（S・D・Schindler）溫馨生動的筆觸，使長著翅膀的飛天貓栩栩如生，凌空飛翔。

　　在《飛天貓》中，虎斑太太是一隻普通的流浪貓，生活在都市一隅貧民窟的垃圾車下，生活周遭充滿著暴力與髒亂。不知是畸形還是奇蹟，牠生下了四隻長著翅膀的小貓，僅管遭到鄰居嘲笑，虎斑太太仍然深愛著牠們、不遺餘力地照顧牠們，後來，更鼓勵牠們善用翅膀，遠離日益惡劣的生存環境，尋找更好的生活空間。於是，四隻飛天貓兄妹展翅高飛，帶著母親的夢想飛向清淨、平和的鄉間樂園。

　　「飛天貓系列」另有第二集《飛天貓回家》（Catringw Return）及第三集《飛天貓與酷貓》（Wonderful Alexander and the Catwings），也都是克服困阨、實現夢想的激勵人心的故事，前者描述飛天貓飛回城市去探望母親時，發現牠們出生的貧民窟正遭受摧毀，牠們在殘垣瓦礫中救出了同母異父的妹妹

「珍」，並一起尋找失散的母親……後者描述酷貓亞歷山大離家去探看廣大的世界，路上被惡犬追逐而躥上高高的樹梢，進退維谷，幸賴小黑飛貓──珍伸出援手才安全地脫離險境；珍雖然有飛行的本領，卻因為幼年的心理障礙而始終不肯開口說話，亞歷山大決定要想辦法幫助珍克服夢魘……。

　　能帶領我們脫離現實的枷鎖、環境的桎梏，騰空而去、達成夢想的那雙夢寐以求的翅膀，其實不假外求，就在我們自己身上；它是天賦的才能，是追求理想的勇氣，是與生俱來對美麗、自由、和平的永恆的嚮往。如果你覺得現狀不盡如人意，如果你覺得夢想的國度還在彼端，不要害怕嘗試，不要害怕改變，振起你的雙翅，縱使可能會迷路，可能會遇到暴風雨，只要不原地踏步，總有一天，你會飛到你想去的地方。

（2003.6.16　人間福報）

[參考貓書]

《飛天貓》，勒崑著、辛得樂繪，麥田，1999.3.29。
《飛天貓回家》，勒崑著、辛得樂繪，麥田，1999.7.6。
《飛天貓與酷貓》，勒崑著、辛得樂繪，麥田，
　1999.9.25。

樂群好施──查理斯、芭芭拉
《不一樣的聖誕禮物》

　　貓咪常被認為是獨立、甚至孤僻的動物，但真是如此嗎？Discovery頻道有一集介紹貓咪的影片中，動物學家研究農場中的貓後說：認為貓是只知道獨來獨往的動物，是太小看貓咪了。其實，牠們也懂得互相幫助，也會經營和諧的群居生活。貓兒被認為是EQ很高的動物，牠應該是既能獨處，也能和群的才對。

　　在《不一樣的聖誕禮物》中，小迪是個自私孤僻的小花貓，他從不讓任何人碰他的玩具，也不想交新朋友，唯一的朋友是河馬韓韓，因為他個性隨和大方，和誰都處得來。有一年聖誕節，聖誕老公公送給小迪一個非常不一樣的聖誕禮物；因為老公公覺得他最喜歡做的事就是送禮，所以就把「分送禮物」的工作當做禮物讓給小迪；小迪沒拿到想要的新玩具，覺得自己倒楣透頂，傷心地大哭起來；河馬韓韓則熱心地幫他張貼邀請函、籌備聖誕派對，小迪的家難得聚集這麼多朋友，他覺得這感覺滿不錯的；看到大家開心地從韓韓手中接過禮物，才發覺送禮、帶給別人快樂的確是件有趣的事，他也開始分送禮物，大家發現小迪其實也滿好相處的，就自然而然地和小迪成為好朋友了呢！

孩子喜歡一個人玩，有些父母會擔心孩子不夠活潑、交不到朋友；孩子不喜歡自己一個人，父母們又會擔心孩子太過依賴、不夠獨立；其實就算是大人，這方面的EQ也未必都很OK；最好是既能自得其樂地享受獨處，也能和樂融洽地與人相處，更重要的是：心胸開朗，能夠與人分享喜悅；那麼無論是一人獨處，還是與人交遊；在團體中，還是在私底下……無論處在什麼境地，沒有不自在快樂的。作者查理斯‧諾依奇包爾（Charise Neugebauer）和繪者芭芭拉‧納斯班尼（Barbara Nascimbeni）藉著故事中的聖誕老公公，送出了這個充滿創意的禮物，收到這個禮物，「獨樂樂不如眾樂樂」、「施比受更有福」的意義，就不言可喻了。

[參考貓書]

《不一樣的聖誕禮物》，查理斯著、芭芭拉繪，上人，2001.4.1。

喵嗚視聽間

前世情人──《接續幸福》中的貓

　　《接續幸福》是銀河互動網路和中國信託合作的動畫劇，於2002年11月14日搬上網路。在它的預告短片中說：「台北有個傳說，每隻貓都是你的前世情人」，的確，這是一部以帶來幸福的貓咪為串場，以前世今生的緣份為主軸，建構的一齣唯美浪漫的愛情戲。

　　民國三十八年，戰火蔓延的時空中，上海名伶周豔蝶和戲班琴師紀秋生這一對戀人，本想一起坐船逃到台灣，卻只弄到一張船票，秋生要把這新生機會讓給豔蝶，豔蝶卻不願離開秋生；在心酸、不捨、爭執中，兩人都被散彈打中，雙雙倒在上海碼頭。撫摸著秋生左臉上的胎記，看著飄飛的船票，豔蝶相信他們的緣份未完待續，他們的幸福將在另一個時空延續……

　　後來，豔蝶轉世為台北的一個銀行職員紀雯儀，她年輕、漂亮、獨立，卻有些寂寞，因為與她生命相約的那人，還不知道在那兒等著她……直到她撿到一隻被丟棄的小貓，那奇妙的宿命才悄悄揭開了序幕。那隻貓長得很特別，左臉上有一塊黑色的斑塊，和紀秋生臉上的胎記很像，每次雯儀撫摸貓咪的臉，都有一種難以言喻的熟悉感。由於貓咪的關係，她認識了紀秋生轉世的小提琴家張文揚，接續了他們前世未完的幸福與夢想……

遇到了令你心動的人，週遭好像響起了無聲的音樂，會不會覺得那是冥冥之中奇妙的安排？心靈相契，在一起無論說什麼、做什麼都是那麼投合，會不會覺得好像很久以前就認識了？前世姻緣，姑且不說是不是迷信，它不也傳講了人與人之間那微妙得難以言傳的感覺與悸動？

很多愛貓成痴的人，寵牠、迷牠，為牠的美、牠的靈動心蕩神馳，對貓的愛絲毫不亞於情人；令人懷疑不是這人前世是一隻貓，就是那貓前世是他的情人。貓咪的神秘、優雅、和令人心懾的程度，的確會給人「前世情人」的錯覺呢！

（2003.6.20　更生日報）

[喵語錄]

　　貓對人類有自己的一套看法。她不多言，但是你所知道的，已足以使你希望沒聽到她全部的話。

　　～～（英)傑隆(Terome K. Terome)，幽默作家

好奇寶寶——《子貓物語》

由鹿內春雄導演的動物劇情片《子貓物語》，是一隻貓咪充滿驚奇緊張、又溫馨動人的冒險故事。全片充斥著可愛的動物和美麗的風景，一個人影也沒有，讓觀眾看到動物們最自然可愛的一面。

故事中的主角凱弟是出生在農家牛舍的一隻虎茶色的小公貓，從小就好動活潑，最要好的朋友是措號「大活寶」的公狗小普，牠們整天在農場附近玩耍，蛇、獨角仙、烏鴉、螃蟹都是牠們探觸的對象，即使有時被咬、痛得哀哀叫，牠們仍樂此不疲。

有一天凱弟和小普玩捉迷藏，調皮的凱弟突發奇想，躲在停滯河邊的木箱裡，不料木箱卻突然漂流，為凱弟的冒險之旅拉開了序幕。

「到處都有朋友，無論跟誰都可以成為朋友」；凱弟在歷險中得到許多動物的幫助：騎在馬背上「搭」了一段「便車」，和梅花鹿相擁而眠渡過寒冷的夜晚，和小豬相濡以沫地穿過可怕的森林，善良的貓頭鷹分食物給牠吃；但牠也經歷到弱肉強食的殘酷事實：剛出生的孱弱小牛成為烏鴉的獵物，凱弟好不容易用尾巴釣上的魚被浣熊搶走，先後被海鷗、大黑熊、毒蛇攻擊，驚魂未定的牠又不慎掉進人類的陷阱……

　　歷盡無數危險，凱弟成長了，學會了獨立和應變的本領，並且看到許多前所未見的景物。後來，牠和一隻白貓墜入愛河，成為爸爸；牠們的小孩也即將離巢展開未知的旅程，帶著愛與勇氣在耀眼的春光之下跳躍。

　　有人說：「太陽底下沒有什麼新鮮事。」真的是如此嗎？那麼為什麼又說「天下事無奇不有」呢？日子是一成不變、還是充滿了驚奇，不在於客觀環境的改變，而在於一顆樂於探索新事物的赤子之心。孩子和貓咪都是好奇的動物，誠如片頭所說：「他們每天都是從冒險出發，事事都讓他們覺得趣味無比。」即使只是上下班的過程換個路線、換個交通工具，都會有不同的心情與經歷；認識新的朋友、遊覽未曾履及的地方、嘗試新的事物，都是值得雀躍的；充滿好奇的人生是充滿朝氣與活力的，與其大嘆日子無聊，不如學學貓咪和孩子，做個快樂的好奇寶寶吧！

（2003.7.2　更生日報）

　　貓是那麼神秘高貴狡猾陰鬱神經質的動物！
　　　　～～(台灣)宇文正，作家

服務熱忱──宮崎駿《魔女宅急便》中的黑貓

　　探討少女成長歷程的日本動畫《魔女宅急便》，是由名作家角野榮子原作，動畫大師宮崎駿製片、編劇兼導演，於1989年推出的作品。故事以二十世紀初的歐洲為背景，描述十三歲的魔女琪琪帶著黑貓吉吉離開家鄉，到一個海邊小鎮修行、學習自立的過程。顛覆了一般歐洲女巫邪惡陰險、無所不能的形象，小魔女琪琪卻是個善良純真、有點兒迷糊的女孩，雖然只會掃帚飛行、法力有待琢磨，卻具有高度的工作及服務熱忱。而身邊的黑貓吉吉，則是無時無刻陪伴著她、替她分憂解勞的小幫手。

　　琪琪一面在麵包店幫忙，一面以掃帚飛行從事快遞的工作。由於一般人委託快遞的時候，一定是時間緊迫，而且無論委託的物品看起來是多麼微不足道，卻可以想見對當事人是多麼重要；所以琪琪一旦接了工作，無論路程如何遙遠、天候如何不佳，都會全力以赴地將貨物在顧客希望的時限內送達目的。所以在市民心目中，琪琪就像解決急難、散播歡樂的小天使。然而再怎麼熱誠的服務，也難免有措手不及、分身乏術的時候；這時如影隨形的工作夥伴──黑貓吉吉，就發揮了幫忙達成工作使命的重大作用。

　　有一回客人拜託送生日禮物，那禮物竟是和吉吉一模一樣的一個貓玩偶。在送貨的途中遇到大風，玩偶掉到森林中不見了，琪琪只好讓吉吉暫時充當玩偶，將他送達過生日的男孩手中後，再趕緊回頭尋找失落的玩偶。

　　看過這部動畫的人，想必都對這一段情節印象深刻——吉吉被小男孩當成玩偶丟來丟去的戲耍，卻必須硬撐地挺直著身體，更不能喊一聲疼；更可怕的是男孩家中竟養了隻身型巨大的狗，他疑心這玩偶不是真的，不斷在吉吉身上嗅嗅碰碰，吉吉嚇得汗流浹背，卻不能逃走，真教人替他捏一把冷汗呀！幸好那隻狗是一隻喜歡小貓、性情溫和的狗，不但沒拆穿吉吉的「西洋鏡」，還將他抱在懷裡一起睡；後來琪琪終於找到玩偶，回男孩家和吉吉換了過來，平安圓滿地達成任務，過了疲累而充實的一天。

　　由於他們的堅守崗位、合作無間，使魔女和貓的圖案成為家喻戶曉、人見人愛的標誌，甚至有人模仿他們的裝扮呢！可見即使只有一項未必值得稱道、也未必比得上別人的小小才能，只要盡其所能地發揮所長，加上助人為樂的熱情與幹勁，一定能既快樂、又有成就感地闖出一片屬於自己的天空。

　　　　　　　　　　　　　　　（2001.2.10　青年日報）

[參考貓書]--------------------------------

　《魔女宅急便全套》，宮崎駿著，時報，1995.1.4。
　《魔女宅急便》，角野榮子著，國際少年村，1995.4.13。

心靈捕手——宮崎駿《心之谷》中的貓咪

　　《心之谷》是日本動畫大師宮崎駿1995年的作品，故事中的阿雯是個既有靈性又有才氣的少女，平日喜歡看書、寫歌詞；有一天坐捷運時，一隻胖貓咪大搖大擺地坐在她旁邊的座位上，好像也懂得如何搭捷運似的；好奇心與求知慾同樣旺盛的阿雯，就一路跟在這隻奇怪的胖貓咪後面，直到走進一家看起來很老舊、其實充滿「寶藏」的精品店，為阿雯對自我心靈及大千世界的探索開啟了一扇美麗而奇妙的窗……

　　精品店中有個慈祥而睿智的老人，有手工精巧的咕咕鐘，有煥發著奇幻色彩的天青礦石，而最令阿雯流連佇足的是一個穿著男爵西裝、提著紳士柺杖的貓玩偶，這個男爵貓的眼睛是用天青礦石做的，在不同的光源及角度下，會發出或隱晦或炫目的光芒，靜靜看著他的眼睛，彷彿能彼此心意相通，看透彼此心靈的深處；阿雯就曾這樣一個下午對著他凝望、沉思，直到夕陽西下呢！

　　據精品店的老人所說，男爵貓本叫美朗立克，伴侶是個美麗優雅的貴婦貓；當年老人和他的愛人各買一隻，發誓將來一定要再相逢；沒想到卻因戰亂失去聯絡，從此海角天涯，成為終生的遺憾，男爵貓與貴婦貓也永遠被拆散了。這個淒美的故事讓阿雯非常感傷，因為她喜歡的男孩子天澤聖司為了學習製

作小提琴，即將遠渡重洋到異國求學。尤其令她感慨的是：聖司已經找到此生奮鬥的目標，而她該追求的夢想是什麼呢？

　　後來她為了證實自己的才能，不眠不休地完成生平第一部小說，就是以男爵貓為主角，將他想像成一個會說話、會法術的貓紳士，帶著她騰雲駕霧，飛到遙遠的國度，向她介紹神奇的寶藏——天青石礦脈。

　　在《心之谷》中，無論是胖貓咪，還是貓男爵，似乎都有一種神奇的力量，不僅能吸引人的目光，還能帶領人暫且離開日常的現實，來一場充滿驚嘆號的心靈之旅。其實這場心靈之旅所以能成行的最大因素，不在胖貓咪、也不在貓男爵，而在於阿雯那顆敏感好奇、活力充沛的青春的心。如果我們不忘保有勇於探求的一顆赤子之心，那麼生活週遭到處都有像胖貓咪、貓男爵那樣，能開啟你我塵封心靈的「靈魂之鑰」。

（2001.2.10　青年日報）

[參考貓書]

　　《心之谷全集》，宮崎駿著，時報，1997.7.24。

盛情難卻——宮崎駿《貓的報恩》

　　日本動畫大師宮崎駿於2002夏天推出的動畫片《貓的報恩》，改編自著名漫畫家佟青的同名漫畫，是1995年《心之谷》的姐妹作，而且比《心之谷》更富有幻想色彩，《貓的報恩》中的貓國就是《心之谷》中的阿雯想像的世界，宮崎駿還強烈要求《心之谷》中的男爵貓和胖貓在本片中登場；對喜歡貓、喜愛《心之谷》的觀眾來說，隨著《貓的報恩》中的小春遊歷貓國真是一場令人興奮的體驗。

　　小春是個十七歲的高中女生，有一天在放學途中意外地救了一隻差點被卡車軋過的貓咪。令她吃驚的是，這隻貓居然幻化成人形，彬彬有禮地用人類的禮節向她致謝，又神秘的消失在小春面前。到了晚上，小春的家門前聚集了成千上萬的貓咪，接著，貓王乘坐著「貓車」出現，原來，小春白天所搭救的小貓是貓國的王子，因此，貓國上下將視小春為恩人，並將對她有所報答。

　　第二天，貓咪的「報恩」行動開始了；先是小春的儲物箱裡堆滿了死老鼠，然後貓王邀請她前往貓國盛情招待，並要她嫁給貓國王子為妃；小春不願嫁給貓國王子，卻遭到強行挾持，不顧小春的反對，貓國上下歡欣鼓舞地準備著小春與王子的婚事；在貓國的神秘魔力下，小春的頭上還「呼」地伸出了

兩隻貓耳，差點就要永遠變成貓咪、回不到人類世界了……其實這一連串的「軟禁」、「逼婚」都只因為貓國上下——尤其是貓王——都太喜歡小春了，所以想把她永遠留在貓國享受無微不至的禮遇、過著無憂無慮的生活，只是這種未經同意就強加在別人身上的「隆情美意」還真讓人吃不消呢！

貓咪雖然不像狗那麼忠心，但也有不少「感恩圖報」的貓咪會把死老鼠、死麻雀當成禮物叼到主人腳跟前，好像想藉此報答主人的養育之恩，卻只會讓主人覺得難以處理，看來不但「己所不欲，勿施於人」，「己之所欲，施之於人」也未必正確，必須站在對方的立場、尊重對方的想法和決定，否則一番好意反而會變成是「強人所難」呢！

[參考貓書]

《貓的報恩1-4》，柊葵原作、宮崎駿企劃，台灣東販，2002.12.12。
《吉卜力工作室的貓》，吉卜力工作室，2002.9.26。

忠實可靠——《哆啦A夢》

　　因創作哆啦A夢（Doraemon，又譯「小叮噹」）而蜚聲國際的「藤子不二雄」，本來是一個二人組的名稱，也就是「藤本弘」和「安孫子素雄」這兩人名字的結合。他們從1954年起便共用這個筆名，1970年創造了漫畫人物「哆啦A夢」，大受小學生歡迎，並在1973年贏得「漫畫家協會優秀賞」及後來的「文部大臣賞」。直至1987年兩人決定拆夥，之後「哆啦A夢」便交由藤本弘獨力創作。1996年藤本弘不幸因肝病辭世，哆啦A夢的故事也到此告一個段落。

　　哆啦A夢是誕生於2012年的一隻缺耳的機器貓，因零件故障被當做次等貨出售，野比伸太的子孫買下之後，為了改變被野比伸太拖累的命運，要哆啦A夢回到過去幫助野比伸太。出生於1964年的野比伸太（或譯「野比太」、「大雄」），是野比家的獨生子，雖然本性善良，但又頑皮又懶惰，考試常考0分，運動神經又差，因此常被老師、父母責罵，也常被同學欺負或嘲笑；因此哆啦A夢的來臨，對他來說的確是一大救星。

　　在二十一世紀的次等貨，在二十世紀卻顯得萬能而神奇；每當野比伸太有困難，他都能從萬用袋中拿出道具來幫助他；有的能上天下地、超越時空，有的能應付考試、或變得力大無窮；對於許多對世界充滿好奇與憧憬、卻受制於功課壓力、體

力又尚未健全發育的莘莘學子而言，哆啦A夢的每一項道具可都是他們夢寐以求的法寶呢！

　　哆啦A夢雖然是機器，卻不像一般機器那樣「標準」、「完美」；他愛吃銅鑼燒，只要野比伸太拿銅鑼燒來「賄賂」、「引誘」，他就會忘了所有原則；他最怕老鼠，一看到老鼠就嚇得逃之夭夭（真是丟臉的貓呀！），有一次為了消滅老鼠，還差點引爆足以毀滅世界的炸彈；他常和附近的小母貓談戀愛，有時還會為情所困，變得失魂落魄、神經兮兮的；他也有點粗心大意，道具常買錯或忘了修，好幾次害野比伸太身歷險境；如此這般，難怪會被當做瑕疵品；不過正因為如此，更讓人覺得他親切可愛，覺得他和我們一樣，有愛有憎、有喜有怒、有弱點、會「凸槌」，而不只是完美無瑕、卻一板一眼的一部機器。

　　為了矯正野比伸太懶散、依賴的習慣，哆啦A夢常苦口婆心地告誡勸導，野比伸太卻常不知檢討，反而怪他的道具不夠好，有一回兩人因此吵架嘔氣，野比伸太的孫子便打算用更優良的機器貓——哆啦A夢的妹妹「哆啦美」（或譯「小叮鈴」），來代替照顧野比伸太的工作，野比伸太卻哭哭啼啼抱著哆啦A夢不肯離開；因為那份長期以來休戚與共的友情，是任何人都無法代替的呀！

　　野比伸太和哆啦A夢深厚的友情，是這個漫畫好看的重要因素之一，也是許多人羨慕的對象。真正值得交的好友，未必是

十項全能的「超人」，未必天天在你耳邊讚美奉承，甚至也未必能提供最有力、有效的幫助。但只要有一點：就是「真心真意為你好」，就構成了「忠實可靠」的條件，也就是最值得交的朋友。能結交到這樣的朋友，就此生無憾了。

（2001.3.18　世界論壇報）

[參考貓書]

《藤子不二雄的故事—哆啦A夢之父》，
凌明玉著，文經社，2004.1.1。

純潔溫柔——《凱蒂貓》

　　在台灣造成空前風潮的日本卡通及相關產品：Hello Kitty，出生於24年前一個petite錢包的圖案，當時Kitty白皙粉嫩的臉龐立刻擄獲了日本男女老少的心，使這錢包銷售長紅炙手可熱，其他產品很快地起而跟進，使她的聲望水漲船高。

　　根據凱蒂貓的卡通及網站上的資料，Hello Kitty出生於英國倫敦的郊外，生日是11月1日，是一個A型天蠍座的小女孩貓咪。熟悉血型星座的朋友一定已經發現，溫柔的A型及文靜的天蠍，的確很適合這個缺嘴的、話不多的可愛貓咪。

　　Hello Kitty那粉白的、怔怔的臉龐，為何那麼討人喜歡？有人說：正因為她面無表情，所以給人更多想像的空間，及「同理」的可能；快樂的時候，覺得Hello Kitty也同樣眉開眼笑；難過的時候，覺得Hello Kitty也為你失去了笑容。沒有表情，反而是最無限的表情；隨時感染著你的情緒，喜怒哀樂，都與你同在。

　　愛好小動物的我，倒覺得Hello Kitty迷人之處，在於她與小動物雷同的「一號表情」。一般的卡通動物大多擬人化了，如米老鼠紳士風度的親切微笑，唐老鴨大老粗的暴跳如雷；一舉一動、笑怒嗔痴全都是人性，就像生活在我們週遭的市井小民，甚至表情動作還比一般人誇張、豐富得多。動物當然也有

七情六慾，但他們的面部表情，至少在人類眼中，是很不明顯的；不會嚎啕大哭，也不會哈哈大笑，永遠是那麼單純，那麼天真，那麼無辜，那麼傻不隆冬，令人無法猜透他們的小腦袋瓜在想些什麼？Hello Kitty雖穿著各式各樣人類的衣服，卻有張小動物般呆呆乖乖的、無表情的臉蛋，這正是她討喜的地方。

在卡通中，凱蒂貓是個無憂無慮的小女孩，有著「幸福溫暖又安康」的甜蜜的家，慈藹可親的爸爸媽媽，彼此友愛的兄弟姐妹，喜歡彈鋼琴、做蛋糕，或在森林、公園裡玩。在現實生活中，她是各種商品的代言人，和她的男朋友丹尼爾一起，穿著漂亮的衣裳，帶給世人無限的歡笑與祝福。在世人心中，她是一張永遠不會受到污染的白紙，是永遠長不大的小公主，是小朋友最喜歡的玩伴；是漸漸「世故化」的都會男女，內心深處對「純真」的永恆的嚮往。

（2000.12.22　世界論壇報）

[參考貓書]

《Kitty貓崇敬團》，Kitty水蜜桃著，
平行交集，1999.1.

反派丑角——《神奇寶貝》中的喵喵

　　神奇寶貝（或譯「口袋怪獸」Pocket Monster）原本是任天堂的攜帶型主機GAME BOY遊戲，由創始者田尻智構思六年後於1996年推出，玩家必須搜集並培養自己的口袋怪獸，提高能力以打倒並獲得其他的怪獸，由於遊戲本身具有「電子雞」的育成性質，又可和別人連線對戰，所以立刻風靡了全日本的中小學生，創下了前所未有的超高銷售量。夾著電玩大賣的氣勢，神奇寶貝在1997年推出電視卡通版，並在1998年成功地登陸美國，整個週邊商品在美國銷售量竟高達三億元，甚至還入選為TIME 1999年的十大風雲人物，高居第二名，是名單中唯一的非人類，其聲勢真是席捲全球，銳不可當。

　　在神奇寶貝故事中，不僅小智、小剛、小霞一行人年輕勇敢、令人喜愛，連「貫徹愛與真實的邪惡，可愛又迷人的反派角色」——「火箭隊」中的武藏、小次郎和喵喵都相當討喜，他們是神奇寶貝的綁架集團，專門蒐集特別的神奇寶貝，為了得到皮卡丘而經常和小智一行人周旋作對，卻總是一敗塗地、慘烈收場(大概是太沒實力了)，「厲害」的是他們從來不會被電死、燒死、淹死、摔死或壓死，連頭髮被剃掉了一堆都能在下一集前全部長回原來的樣子呢？！而且正如喵喵在電影版「超夢的逆襲」中的那句名言：「在我們的字典裡沒有『死心』兩

個字。」他們從來沒有贏過一次戰役，卻始終不放棄與主角們比個高下，真不知該說是「愈挫愈勇」的精神？還是無可救藥的固執呢！

　　喵喵（Meowth）的名氣雖遠不如皮卡丘、波克比，卻也是每集必定露臉的反派代表之一，戲份並不輕，在「惡有惡報」、「邪不勝正」的道理下常被整得很慘，充分滿足人類潛意識「幸災樂禍」的心理，所以喵喵及其主人就像劇場上動輒跌個四腳朝天的甘草人物，也相當受小朋友歡迎；然而無論「火箭隊」再怎麼耍寶爆笑，畢竟在故事中是由邪惡的石英聯盟第八道館主人──阪木老大所主使的壞蛋組織，為什麼喵喵會走上這條不歸路呢？在卡通版第71話「喵喵之歌」中，道出了一段不為人知的過去……

　　喵喵原本是一隻流浪貓，在好萊塢街頭偷東西吃，一天遇到一隻由人類飼養、美麗嬌媚的貓咪瑪丹娜，對她一見鍾情，但她卻驕傲地說喵喵不像人類能把她打扮得漂漂亮亮的，拒絕了他的追求；喵喵因此發誓變成人類，千辛萬苦地學會用兩腳走路、說人話，當他自信滿滿地再度向瑪丹娜求愛時，沒想到她卻不屑地說：用兩腳站著說人話的貓咪看起來很「噁心」，這晴天霹靂的打擊使喵喵自暴自棄，發狠決定做個大壞蛋；不過可能骨子裡並沒那麼壞吧！所以也只做到「不良幫派」的小嘍囉而已。

　　一般卡通往往把善惡二元化，壞人總是長得獐頭鼠目、青面獠牙，既兇狠又奸險、天生的壞胚子；而神奇寶貝中的「火箭隊」卻是男的帥、女的俏，喵喵也非常可愛，而且各有「誤入歧途」的原因；這樣的角色塑造不僅降低了卡通的暴力指數，也使人覺得世上沒有「絕對的惡」，被認為是壞人的人，往往是在人生跑道上總是無法趕上「主角」的腳步，被推擠得偏離正軌走上歧路；他們也很努力地想「反敗為勝」，只是用的方法不對罷了。

（2000.12.20　世界論壇報）

[喵語錄]

　　倘使人能夠和貓交配，那麼人會進步，而貓會退化。

　　～～(美)馬克‧吐溫(Mark Twin)，幽默作家

快樂之源──《鹹蛋超人貓》

　　平成年間由圓谷公司所拍攝的超人映像作品「ULTRAMAN
ウルトラマン」，其漫畫單行本在台灣六〇年代相當風行，
作者是一峰大二先生，原譯為「超人力霸王」，自從周星馳炒
紅了「鹹蛋超人」這個名號，大家好像都只記得超人臉上那兩
隻剖半鹹蛋般的黃色大眼睛，超人就以這個名號縱橫江湖二十
年，直到最近超人迷不滿這個香江傳來的「混名」，發起正名
運動，使傳播媒體、出版界、玩具製造業都逐漸恢復了「超人
力霸王」這個名稱。

　　《鹹蛋超人貓》是「超人力霸王系列」中的一部動畫，
內容雖與超人力霸王沒有明顯的關係，但是這隻來自星空的貓
「阿喵」和身為「宇宙警備隊」成員的超人力霸王一樣，負有
維護和平的神聖使命；不同的是超人力霸王用武力來對抗怪
獸，阿喵則是用愛來化解紛爭，溫馨純真的故事比「超人力霸
王」更適合兒童觀賞。

　　滿天星斗中，有大熊星座、小熊星座、雙魚座、天蠍座
……其實，也有「貓星座」，在很久以前，地球和貓座「費里
茲星」是兩顆互相傳送快樂能量、十分要好的星球，只是在漫
長的歲月中漸漸地被人類遺忘了。現在地球上的貓咪，其祖先
其實是來自外太空，牠們千里迢迢地來到地球，是肩負著神聖

的使命——維繫兩星球間的友誼，但由於年代久遠，如今的貓咪已忘了這個任務，所以費里茲星派遣使者來到這裡，提醒貓咪們應負的使命：到處傳播幸福的種子，重建地球與貓星座之間的友誼。牠經過遙遙而艱辛的旅程來到地球時受傷了，遇到善良的女孩春香很細心地照顧牠，並把牠取名為「阿喵」。

　　貓咪本來是為人類帶來快樂的使者，卻常常受到人類不友善的待遇；許多公寓為了維護環境整潔的方便，不准住戶養寵物；許多父母認為貓毛、狗毛會引起氣喘、過敏，不准孩子養寵物(其實根據醫學報導，從小飼養寵物的人比一般人的免疫力更強、更不容易過敏)；更甭提那些沒耐性的飼主把養膩了的貓咪棄置路邊，不懂事的小孩、殘忍的大人隨意毆打、虐待流浪貓，還有竊貓集團為了牟取暴利而抓貓、賣貓……有些貓咪因此而變得不相信人，甚至敵視人類。為了重拾貓族與人類之間的友誼而來到地球的阿喵，要如何才能化解這些糾紛呢？

　　武力不是解決問題的最好辦法，發自內心的愛和友情、將心比心的體諒才是宇宙間最珍貴、最神奇的魔法。人與動物之間的關係，應該是美好的、相互依存的，而不是敵對的。看這部卡通，使人心情愉快地莞爾一笑，彷彿其中真的散播著快樂的能量；與其看那些充斥著格鬥場面的、打打殺殺的卡通，不如多看看這些溫馨動人、充滿純潔善良的赤子之心與「快樂能量」的卡通影片吧！

（2004.1.16　更生日報）

善良友愛——《淘氣貓》

　　深受小朋友喜愛的卡通《淘氣貓》（TAMA&FRIENDS，或譯淘貓），甫一出世便曾造成一番不小的騷動：在1983的秋天，日本各大媒體突然大肆報導一幅尋貓啟事，許多人都以為誰家的貓失蹤了；後來，才知道原來是「淘氣貓」卡通及其週邊產品的宣傳手法；1993年慶祝淘氣貓十周年而發表了電影版，1995年推出了總共二十六集、五十一個小故事的電視版最新動畫，增添了更豐富多樣的人物角色，貓狗造型也變得更活潑生動，以擬人化的方式來探索貓狗的世界，故事情節更有趣味性也更有人情味，讓影迷眼前一亮，國外各家電視公司亦爭相播出這部天真無邪、溫馨可愛的卡通影片。

　　本卡通的主角圓圓是一隻好奇心強、樂於助人的貓咪，牠在社區中的好朋友有貓咪小虎、妙妙、貝貝、點點和野貓，小狗百吉、小黑、小黃也都是親切和藹的夥伴。這九隻小動物經常在一起聚會、玩耍，遇到有趣的事一定會一起參與、彼此分享，遇到困難時一定會互相幫忙、共同解決；全劇處處洋溢著友情的芬芳與溫暖。

　　令我印象最深刻的是第七集〈追逐妙妙的鈴鐺〉，內容敘述貓咪妙妙非常珍愛小時候媽媽送她的鈴鐺，可是有一天出

去玩時緞帶突然斷了，鈴鐺掉到下水道去，妙妙鑽進下水道去撿鈴鐺，卻出了意外，圓圓牠們前往搭救，險象環生，靠著彼此打氣、充分合作，最後總算平安。雖然妙妙的鈴鐺終究還是不見了，但她發現即使沒有媽媽的鈴鐺，她也不會再覺得寂寞了，因為有那麼多關心她的朋友；即使媽媽不在身邊，她也可以感覺到媽媽永遠愛她、祝福她的心。

　　已為人母的我不禁想到，「在家靠父母，出外靠朋友」這句話真是一點也不假，孩子不可能永遠被保護在母親的羽翼下，應該讓他們多接觸外面的世界，認識各式各樣的朋友，建立良好的人際關係；「與友同行，不覺路遙」，與友相伴，成長的路才會走得更穩健、更快樂，所看到的世界也會更豐富多彩。

（2003.12.13　更生日報）

[喵 語錄]

　　當我和我的貓以滑稽的動作相互取樂時（例如玩絲襪時），誰知道是他還是我得到更多的消遣？

　　　　　　　　～～(法)蒙田(Montaigne)，哲學家

淘氣放肆——《菲力貓》

菲力貓（Felix）在台灣的知名度，雖然不如同樣來自美國的加菲貓，更不如日本的凱蒂貓；但他在各種商品的標誌上，始終佔有一席之地，尤其是兒童文具、盥洗用具等，經常看到他那黑白分明的大眼睛、笑口常開的大嘴巴，彷彿在告訴小朋友：「寫功課或刷牙，並不是件討厭的事喔！」許多人也許沒聽過他的大名，卻一定看過他的尊容。

菲力貓的歷史非常悠久，是1920年代為了和卓別林的黑白默片互別苗頭，由漫畫家麥斯默所創造的，在早期的漫畫及卡通默片時代，他既淘氣又有創意，有著「不按牌裡出牌」的幽默放肆，時常帶給人意想不到的驚喜，因而一出道就大紅大紫，成為卡通史上第一個動物明星（米老鼠是1928年之後才出現的另一個明星）。

到了60年代末期，菲力貓的成長已漸趨緩和，直到80年代，透過造型商品的發展，使菲力貓再度受到矚目，尤其在遠東地區，菲力貓多年來和家喻戶曉的米老鼠及史努比，穩坐最受歡迎卡通商品的前三名寶座。商品的授權包羅萬象，從穿的鞋子到用的筷子，都有他的市場；大發汽車甚至生產了一部名為 The Felix Mira 的汽車，所以現在 HELLO KITTY 的汽車可不是第一部貓牌汽車哦！

　　菲力貓的造型簡單而耐看，愈看愈有味道；無論何時何地，他總是笑逐顏開、精神奕奕，無憂無懼，彷彿具有無比的信心及勇氣，沒有任何事難得倒他；看著他朝氣蓬勃、永遠年輕的笑臉，真希望能像他一樣，歡喜雀躍、活力充沛地迎向每一個挑戰。也許這就是菲力貓向來不如其他卡通動物擅搞噱頭，卻始終歷久彌新的原因吧！

　　做為跨世紀的卡通圖案及商品圖騰，菲力貓一直以一身黑白的復古造型縱橫全球，但是隨著潮流的改變，菲力貓填充玩具也漸漸有了時髦靈活的變化，他開始穿上各式各樣的衣服，也開始有了角色扮演，現在甚至有紫色、桃紅色的菲力貓，突破了外型的限制，預料菲力貓的舞台空間將更為寬廣。

（2001.12.26　國語日報）

[喵語錄]

　　外型沒有什麼魅力，性格也不好的貓咪，同樣也會受到主人的寵愛，這就是─貓咪的魔力。

　　～～(日)玉野繪美，「貓醫院」院長、獸醫作家

亦敵亦友——湯姆貓與大壞貓

　　「善惡對立」的二元分法在現實生活中是太過簡單了，不過在卡通影片中卻很常見。五、六年級生應該不陌生的卡通《湯姆與傑利》（Tom and Jerry）及《崔弟鳥》（Tweety），都是傳統的貓鼠、貓鳥打鬧鬥智情節，兩部都以想吃小動物的貓咪為「壞蛋」的代表，而老鼠和金絲雀雖然弱小，卻以靈活的機智及應變能力，不但逃脫貓咪的魔爪，還把貓兒整得很慘。

　　湯姆（Tom）是隻灰白色毛的貓咪，傑利（Jerry）是好萊塢最耀眼的老鼠明星，靈活、聰明且多才多藝；湯姆貓想盡辦法想吃掉傑利鼠，卻總被傑利反將一軍。大壞貓長得跟湯姆貓挺像，只是是黑白色毛，銳利的雙眼看起來比湯姆更「壞」些，崔弟（Tweety）是一隻可愛的金絲雀，有個占全身 1/2 比例的頭、比任何人都大的眼睛，以及看起來很小的翅膀，卻足以支撐牠飛上飛下，牠的口頭禪是：「我好像看到一隻大壞貓。我看到了！我看到了！」和湯姆貓一樣，大壞貓的壞心眼也總是被崔弟鳥識破，最後都沒有好下場。

　　雖然這兩部卡通都是典型的惡有惡報、邪不勝正的情節，不過，做為「壞人」的貓咪也相當逗趣可愛，有時候牠們其實已抓到傑利鼠或崔弟鳥了，卻因遲疑或「一念之仁」而錯失

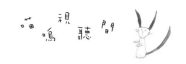

良機，讓人覺得牠們也沒那麼壞，反而是機關算盡的傑利與崔弟，看起來還頗不老實呢！這也無形中讓兒童隱約地了解到：世上沒有絕對的善惡。而且，卡通中貓鼠、貓鳥之間的抵擋追逐，看起來也不大像生死攸關的血腥場面，反而是種競賽性質的遊戲，牠們之間雖然誰也不讓誰、卻也誰都少不了誰，可以說是亦敵亦友，仔細想想，在人生的競技場上也常有類似的情形，最旗鼓相當的敵人，通常也是最了解自己的朋友呢！

曾在網路上看到有教育者擔心《湯姆與傑利》中有太多惡作劇的「整貓」情節，也有不少拿著大榔頭、搥頭敲來打去的內容，會給兒童帶來不良影響，誤以為「以暴制暴」是解決問題的唯一或最好辦法；筆者倒覺得問題並不那麼嚴重，現在的孩子從小在電腦電視電動、網路遊戲中成長，應有能力分辨現實世界與虛擬世界的不同，事實上據筆者所知，有不少小孩看這兩部卡通時都會說：「貓咪好可憐唷！」並不會因此喜歡打架或惡整別人；只要父母適時地調整、糾正其價值觀，就不必太過擔心；其實這類卡通在雙方較勁的過程中都有天馬行空、出人意表的想像力，不如放下嚴肅的教育心態，讓孩子快快樂樂地徜徉在創意十足、活潑逗趣的卡通世界中吧！

（2003.4.8　金門日報）

慵懶幽默──《加菲貓》

擁有廣大愛好者及收藏者、被譽為「青春不老」的虎斑肥貓──加菲（Garfield），是1945年出生於印弟安那州馬里昂鎮的漫畫家──吉姆・戴維斯（Jim Davis）的世紀名作。他那圓嘟嘟的臉蛋及五短身材、半瞇的眼睛，貪睡好吃又愛說風涼話、有點「賤賤」的個性，風靡了全球老少。

在強調勤快、講求效率的現代社會，加菲貓卻毫不「慚愧」地大力提倡「懶惰哲學」；在人人唯恐發胖、拼命節食運動之際，加菲貓卻不以為意地大吃大喝、大睡特睡。所以，看加菲貓的漫畫或卡通總能感到無與倫比的放鬆，畢竟「好逸惡勞」是人的天性，如果真能像加菲貓那樣不必工作，茶來伸手、放來張口，又能「振振有詞」地偷懶，該是多麼愜意呀！

說到早起，他說：「起床可以，但別指望我精神抖擻」；說到睡覺，他說：「有機會就打個盹，這樣到就寢時間才能完全放鬆」；說到吃，他的原則是「今天吃得下的絕不放到明天再吃」；說到減肥，他的偏方是「把磅秤歸零的指針退到負五磅。且慢，再想想，負十磅好了」。說到運動，他只做「仰臥」、不做「起坐」，新年時立的志願是「想出一個可以邊吃邊睡的方法」或「發明冰箱自動開門器」。

　　其實，適當地「偷懶」也就是一門藝術。有些人終日勞碌奔波，汲汲營營，卻不知道到底在「忙」些什麼；有些人一閒下來就悶得慌，非得找些什麼來擺脫空虛；有些人自律甚嚴，偶爾白日捕眠就自責不已；更有些人為了維持身材，偶爾享受美食就自覺「罪孽深重」。然而人不是機器，是需要放鬆、休息的，與其休息得不乾不脆、不安不快，不如學學加菲貓，難得空閒的時候，不妨正大光明、徹徹底底、痛痛快快地「懶」個夠。

　　人生不能總是混水摸魚，但也不能總像上緊的發條。與其讓生活被一堆無謂的爭逐填滿，不如多留一些空白。一旦「無所事事」就滿懷「罪惡感」的人，不妨想想加菲貓的妙言妙語，相信一定更能舒舒服服地享受悠閒的時光。

（2001.3.5　世界論壇報）

　　《加菲貓》，吉姆·戴維斯著，雙大，2003.7.25。

老而不朽——韋伯歌劇《貓》

　　藍色的月光下，堆滿了舊報紙、可樂罐、輪胎、廢鐵的空地，竄出了一隻隻花色不一、表情各異的貓咪；平日人人掩鼻走過、不屑一顧的垃圾場，頓時成為最華麗的舞台；在人們皆已沉睡的時刻，貓族盛大的慶典即將開始……三十多位舞者穿著各色各樣、色彩斑斕的「貓服」，模仿貓咪活潑靈動、魅力十足的表情動作，在舞台上載歌載舞；《貓》（Cat）不僅是紐約百老匯最長命的歌劇、被譽為百老匯四大必看名劇之首，更擄獲了全世界愛貓族與歌劇迷的心。

　　《貓》原本是英國詩人艾略特（T.S. Eliot）寫於1939年的詩作〈以貓為主題的預言故事〉，天王作曲家安德魯洛伊·韋伯以書中的詩句為基底，並在艾略特遺孀提供未公開詩作的幫助下，將這部趣味橫生的詩集加以改編，以非線性的劇情、各自獨立的片段、個性鮮明的角色建構出一場以舞蹈和音樂詮釋「貓」的音樂劇。故事的主要背景是「詹利克貓族」（某社區中所有的貓）一年一度的慶典「詹利克舞會（The Jellicle Ball）」，在熱鬧喧騰的盛會中，最重要的節目就是由牠們之中最具智慧的長老貓老申命者（Old Deuteronomy），在黎明前遴選出一位最有資格獲得新生命的貓。

　　肥胖熱心、教導老鼠和蟑螂音樂舞蹈，被稱為大好人的詹洋多慈（Jennyanydots）；我行我素、不安於室的拉姆塔塔

（Rum Tum Tugger）；年輕時是風華絕代的「妖嬌之貓」，現在卻年華老去、衣衫襤褸，被眾貓棄如敝屣的老貓格莉莎茲貝拉（Grizabella）；穿著講究、名聲響亮，進出高級俱樂部的花花公子貓巴斯托夫瓊斯（Bustopher）；惡名昭彰、到處闖禍的小丑貓曼格桀里（Mungojerrie）與拉姆波提澤（Rumpelteazer）；勇猛健壯、能趕走惡犬的超人貓拉姆帕斯（Rumpus）；年輕時是光彩奪人的大明星，現在卻患有中風、瘦如乞丐的蓋斯（Gus）；在火車站生活、經常巡邏車廂的鐵路貓斯吉波商克（Skimbleshanks）；還有綁架長老貓、蔑視法律的犯罪之王馬卡維提（Macavity），以及救回長老貓、聰明非凡的魔術貓密斯托夫里斯（Mistoffelees）……

這麼多各具特色的貓，究竟誰有資格獲得重生的殊榮呢？沒想到竟是那隻眾貓避之唯恐不及的格莉莎茲貝拉；原來，她以一曲〈回憶〉（Memory）道出了她對生命意義的領悟、對幸福真諦的了解，感動了長老貓，贏得了眾貓的尊重，在眾貓的齊聲吟唱祝福中，成功地進入屬於貓的真正天堂「海維賽層」（Heaviside Layer）。

劇中的長老貓說：「從意義中再生的以往的經歷，已不再僅僅是一個生命的經歷，而屬於世世代代」，直到現在，《貓》劇仍在世界各地綻放魅力，2003、2004年在台北、北京的演出都造成很大的轟動。《貓》就像那隻老而不朽的貓格莉莎茲貝拉一樣，將永遠活躍、閃耀在世人的心中。

（2004.6.13　更生日報）

成長伴侶——《小貓湯瑪斯》

迪士尼發行的溫馨片《小貓湯瑪斯》，劇名原為「湯瑪斯的三個生命」（The three lives of Thomasina），不但適合闔家觀賞，也是一部值得教育者深思的影片。

馬古漢是一位獸醫，但他對動物卻沒有感情，他醫治農場的牲口、家庭的寵物時，只是按部就班，依例行事，遇到年老重病、或感染嚴重傳染病的動物，就主張安樂死，一點也不留情。這是因為他的愛妻逝世，使他失去了愛的能力；再加上他本來的志願是當醫人的醫生，當獸醫並非本願，使他對這份工作毫無熱誠，說難聽點只是混口飯吃而已。

他的女兒杜翠絲，從小失去母愛，又沒有兄弟姐妹，她最重要的朋友，就是一隻虎斑豹紋的短毛貓——湯瑪斯。每天她都把湯瑪斯打扮得漂漂亮亮、一塊出去遊玩，用餐時讓牠坐在餐桌旁的椅子上一塊兒吃，晚上也抱著牠睡覺。但是有一天，湯瑪斯在菜市場被惡犬追逐、不慎從堆高的木箱上跌下，感染了破傷風。馬古漢本來有能力醫治牠，卻因為破傷風是危險的傳染病，鐵面無私地將牠「處死」（安樂死）了。

這件事給杜翠絲很大的打擊，因為她唯一的親人、她最敬愛的父親竟殺了她最親密的伴侶；她變得鬱鬱寡歡，整天待在家裡，並把父親當做仇人。馬古漢這才知道事態嚴重，卻不知

道為什麼，他說：「為什麼這會對她打擊這麼大？我什麼都可以買給她！」卻不知道感情是無法替代的，人與人之間失去了信任，再多的金錢也換不回來。

另一方面，被放到郊外的小貓「屍體」其實一息尚存，因此被一個名叫罕布什爾的少女救起來了。罕布什爾是個善良的少女，對動物很有愛心，雖然沒學過醫學，卻憑著她的溫柔與耐心，救活了許多連獸醫都束手無策的動物，她的住處總圍繞著各式各樣的動物，而且都能和平共處。本來，馬古漢對這種毫無醫學根據的醫療嗤之以鼻，後來卻逐漸被其感動……最後，擁有現代醫學知識的馬古漢和能夠獲得動物信任的罕布什爾配成相得益彰的一對，小貓湯瑪斯也回到杜翠絲的身邊，使杜翠絲恢復往日的快樂活潑，喜劇收場。

生病的動物需要的，除了進步的醫技外，更重要的是溫暖的關愛；孩子成長的過程中，除了物質上的供給外，更需要的是父母親無私的愛；如果真正愛孩子的話，就該知道他們需要的是一同成長的伴侶，而不是金錢。我們以為孩子的悲傷很快就會過去，事實上卻不是如此；孩子的心是很脆弱的，成長中的每一個環節都息息相關，輕忽不得；故事中的父親如果始終沒有改變，杜翠絲很可能會變成一個對人性失望、對「愛」失去信心、甚至封閉在自己狹小天地中的人。為人父母、為人師長，可不慎乎！

（2002.11.16　金門日報）

瑜亮情結——《貓狗大戰》

「既生貓，何生狗？」「既生狗，何生貓？」曾經同時飼養貓狗的人，大多可以觀察到貓狗之間的「瑜亮情結」；雖然貓狗和諧共處的情況也所在多有，但大多數同在一個屋簷下的貓狗是維持「井水不犯河水」的冷戰式平衡，也有始終勢不兩立、貓飛狗跳，逼得飼主不得不做選擇的情形。

貓狗之間的矛盾衝突究竟從何而來？貓狗迥然不同的個性，以及牠們與人類不同的相處方式，一直是愛貓族、愛狗族津津樂道的有趣現象。狗是人們最忠實的朋友，而貓呢？牠可能是人類親密的伴侶，但始終是平起平坐的，「忠實」二字和貓絕對沾不上邊。在《貓狗大戰》中，貓咪甚至曾經主宰人類。在古埃及時代，一隻叫阿庫蒙的邪貓奴役人類，後來狗族與人類合作打敗了貓族，人類才獲得自由。而今，一隻叫丁哥先生的白波斯貓，打算破壞科學家布洛迪研製抗狗過敏配方的實驗，並傳播狗過敏配方，讓人類失去狗這個盟友，進而率領貓族再度征服人類，統治世界……

在《貓狗大戰》中，狗狗是友善的、忠誠的——獵犬小路明知人類的小孩長大後就可能忘了牠、甚至拋棄牠，牠也寧可放棄嚮往已久的探員身分，不願離開小主人史考特；貓咪則是陰險的、表裡不一的——波斯貓丁哥在女僕面前溫順可愛，

女僕一轉身牠就變了臉，還把尾巴放在病弱癱瘓的主人梅森先生臉上；貓咪是無惡不作的「破壞份子」，忍者貓、俄國貓為了達到目的把人類的牆壁、家具弄得滿目瘡痍、慘不忍賭；而狗狗總是默默地善後，卻常被貓栽贓而被罵「Bad dog（壞狗狗）！」……

　　看了這部老少咸宜的電影，我突然想到：手足之間、同學之間、同事之間，也常有「瑜亮情結」；有的人會故意表現良好，以獲得褒獎、肯定自己的地位；也有人因此故意搞怪，以引起注意；甚至因此敵視自己的對手，表面賣乖，私下打擊對方……如何把這種「情結」導向良性而非惡性的競爭，可就考驗著父母、師長、上司們的智慧了！

（2003.7.28　更生日報）

[喵語錄]

　　如果動物會說話，那麼狗將是一個屢屢失言，直言不諱的誠實傢伙，而貓將擁有一種罕見的美德—絕不多言。

　　～～(英)菲利普‧吉伯特‧漢默頓(Philip Gilbert Hamerton)，藝術評論家

禍福相倚——《黑貓白貓》

坎城、柏林等影展常客、電影史上「得獎率」最高的南斯拉夫導演庫斯杜力卡（Emir Kusturica），其獲得威尼斯銀獅獎的《黑貓白貓》（Black Cat White Cat），以巴爾幹半島上的兩隻貓咪，出人意表的劇情發展，突顯人世間的變化無常，打破了「非黑即白」的二分法迷思。

在吉普賽人眼裡黑貓代表不祥，白貓代表吉祥，但在這部電影中，兩隻隱喻不同的貓咪不但輪番捉對出現，甚至連袂交媾。黑貓白貓形影不離，好人壞人界線不明，表面上風風光光的喜事可能暗藏悲情，倒大楣的時候可能遇到夢寐以求的好運。無所事事的混混馬可，為了騙葛加叔叔給他一些資金來做黑市買賣，甚至撒下漫天大謊，說自己仍然健在的父親已經過世了；而馬可的合夥人惡棍達登更是魔高一丈，為了把自己的侏儒妹妹艾芙蒂塔嫁出去，竟在和馬可交貨的過程中把馬可敲昏、貨品運走，還理直氣壯地說沒收到貨，補償的條件就是要馬可年輕英俊的兒子柴爾與艾芙蒂塔成親；另一方面，艾坦的奶奶則為了鉅額的聘金，想把她嫁給達登……這一切黑貓與白貓都看在眼裡，牠們成雙成對地穿梭在各個場景之間，似乎在暗示人事的禍福難料，吉凶難測。

　　隨著劇情的荒腔走板，象徵好運、厄運的白貓黑貓的身影也愈加活躍；牠們從破洞的屋頂鑽進去，發現了藏在閣樓的兩具屍體——原來是柴爾的爺爺及葛加叔叔在柴爾及艾芙蒂塔的大喜之日病逝，達登為了讓婚禮順利舉行竟要這兩位老人家「晚死三天」；牠們還共同見證了一對有情人終成眷屬的婚禮——柴爾與艾坦拉著牧師乘船私奔，一時找不到兩個主婚人，而兩隻貓早已神不知鬼不覺地跟上了船，就由牧師一手白貓、一手黑貓抓著湊數……

　　本劇的特色之一是貫穿全片不絕於耳、飽滿而喧鬧的吉普賽音樂，無論是喜是悲、是吉是凶，全都歌之舞之足之蹈之；充滿了欺騙、狡詐、貪婪、背叛的荒誕情節，在黑貓白貓令人發噱的出沒、和吉普賽音樂不相襯的歡愉氣氛中，出乎意料地演變為皆大歡喜的圓滿結局，交錯出相當另類的生活哲學：世上無所謂絕對的是非黑白、吉凶禍福，以嘻笑怒罵的方式，似參與者、又似旁觀者地冷眼笑看無常人生，這不僅是吉普賽人的生活方式，也是貓咪的生活信條吧！

[喵語錄]

不管黑貓白貓，會抓老鼠的，就是好貓。

～～（中國），鄧小平，前中共總理

Memo

一邊寫筆記，一邊讀貓咪的故事……

　　咪咪是個五歲的小女孩，非常喜歡畫畫。她常想：如果我畫的東西都會變成真的，那該有多好哇！聖誕節那天晚上，爸爸媽媽給她一雙新買的、大大的襪子，讓她掛在床頭。

咪咪既興奮又期待地問爸爸媽媽：「聖誕老人會來嗎？他真的會送我魔法色筆嗎？」爸爸媽媽微笑著說：「快睡吧！聖誕老人要等妳睡著以後才會來唷！」咪咪迷迷糊糊地進入夢鄉。到了半夜，她被開關門的聲音驚醒，拿起床頭的襪子一看，原來聖誕老人來過了，在襪子裡放了一盒新的彩色筆。

雖然那盒彩色筆看起來和一般市面上賣的沒什麼兩樣，咪咪卻開心地跳了起來：「太棒了！聖誕老公公真的送了我一盒『可以變真』的魔法色筆！」咪咪立刻拿出圖畫紙，用她「第一喜歡」的天藍色，畫了一隻貓。過了一會兒，這隻貓果然在紙上跑來跑去地動了起來，咪咪高興得拍手叫好。

可是貓咪卻抱怨道：「哎呀！妳怎麼把我畫成這麼古里古怪的藍色，叫我怎麼見人呀！」咪咪抱歉地說：「啊！對不起、對不起，我馬上幫你改！」她想了想，就用她平常「第二喜歡」的粉紅色塗在貓咪身上，藍色和粉紅色加在一起，變成了紫色，咪咪驚喜地說：「哇！好漂亮的紫色呀！」可是貓咪卻氣得抓狂：「紫色！紫色！我不喜歡這種好像快凍死了的顏色！快替我想想辦法！」

咪咪不知如何是好，就拿起她「第三喜歡」的黃色彩色筆塗上去，紫色和黃色加在一起，變成一種怪怪的咖啡色。咪咪摀著眼睛想：「糟了！這下貓咪一定更生氣了！」沒想到貓咪卻說：「嗯，這個顏色還勉強可以接受。」咪咪正覺得鬆了一口氣，貓咪又說話了：「喂！妳以為這樣就畫好了嗎？」

咪咪驚訝地說：「對呀？還要畫什麼嗎？」

貓咪氣急敗壞地說：「妳看我全身上下只有一種顏色，真是太單調了！」

咪咪連忙拿起黑色的彩色筆，在貓咪身上畫了幾條斑紋。這下子貓咪可高興了：「嗯！這就對了！現在的我，就像一隻英姿煥發的老虎。哈哈哈！看來妳真的有畫畫的天份喔！」

　　咪咪被稱讚了，高興得手舞足蹈，正想再畫一條魚送給貓咪，卻被爸媽叫醒來了。她興奮地抱著爸爸媽媽說：「爸爸！媽媽！聖誕老公公真的送了我一盒魔法色筆！」爸爸媽媽覺得很奇怪，因為昨晚他們偷偷放在咪咪襪子裡的，只是普通的彩色筆呀？可是看看桌上的圖畫紙裡，還真的畫了一隻咖啡色、黑斑紋的貓咪，看起來還真是栩栩如生呢！

　　（2000.12.25
中國時報童心版）

還喜歡這個故事嗎？

下面這個故事也是發生在聖誕夜喔！

聖誕節的晚上，家家戶戶張燈結彩，許多地方都在舉行聖誕舞會。社區裡那塊平常讓孩子們玩直排輪鞋的空地上，貓咪們的晚會也開始了。這些貓咪有些是無主的野貓，有些是備受寵愛的家貓。有的擁有一身蓬鬆的、飄著香水味的長毛，有的是一身滑溜溜的短毛。有的肥敦敦得像矮腳馬，有的修長得像拉長的麵條。

　　有的混雜著白、黑、黃等好幾種顏色，還有的身上雪白，尾巴、耳朵、臉部及四肢末端的顏色卻愈來愈深，好像被人用水潑過褪色了似的。這些形形色色的貓晚上常來這裡散步，通常他們並不多話，只是安靜地享受晚風，欣賞月光。但今天大家的心情似乎有點興奮，大概是被人類的情緒感染了吧！

　　首先發言的是一隻黑色的老貓「呆呆」，他的主人非常疼愛他，經常帶他去做健康檢查，如今他已經二十歲了(如果以人類的年齡來說，已經是超過一百歲的人瑞了)，除了有點糖尿病外，身體還相當硬朗。呆呆一邊咳嗽，一邊老氣橫秋地說：「咳！咳！『國不可一日無君』，既然貓王已隨著主人搬家離開了這個社區，趁著大家今天都在，我建議選擇族裡最有經驗、『年紀最長』的貓為貓王。」他一說完立刻引起一陣噓聲，因為大家都知道族裡年紀最大的就是呆呆。

　　這時一隻白色的波斯貓「雪球」高傲地走出來說：「如果要選貓王的話，我認為該選『毛最長』的貓咪才對。長毛象徵高貴的血統，誰的毛比我長，我才會心悅誠服地認他做王。」他的話還沒說完，擁有一身豹紋黃毛的野貓「小虎」跳了出來，得意洋洋地露出尖尖的利爪說：「『年紀最長』、『毛最長』有什麼用？要保護貓咪們不被狗或小孩欺負，最重要的就是要有一雙利爪。依我看應該選『爪子最長』的當貓王才對。你的爪子有我長嗎？」

　　呆呆和雪球聽了垂頭喪氣地走了，因為他們的主人每個禮拜都替他們剪指甲。小虎正以為他可以坐上貓王的寶座了，其他貓咪竟又一隻隻地跳了出來：「大家沒聽過『為民喉舌』這句話嗎？我們需要的是勇於發表意見的領導人，應該要選『舌頭最長』的當貓王才對。」「其實大家都錯了，現在我們最大的憂患就是那些凶狠的野狗，我們需要『耳朵最長』的貓，一聽到危險的訊號就趕快通知大家逃走。」

　　「說到『逃走』，『腳最長』才
是最重要的，腳長的貓跑得快，
在緊要關頭，可以幫忙把幼小或
生病的貓叼走，這才是最理想的貓
王。」「你們都在杞人憂天，其實
只要你們不去惹狗生氣，他也不會
找我們的麻煩，我覺得把肚子填飽
才是最重要的，要聞到哪裡有老鼠
或小鳥可抓來吃，就要有健康的鬍
鬚，所以我提議讓『鬍鬚最長』的
貓當貓王。」大家你一言我一語地
爭論不休，一直到天亮了還喵喵喵
地叫個不停呢！！

　　（2003.6.22人間福報兒童天地）

第三個聖誕夜的貓咪故事是這樣的……

聖誕節的慶祝晚會上，咪咪收到了好多好多聖誕禮物，其中最讓她驚喜的，是在一隻可愛的小狗。原來那是爸爸在路上撿到的一隻剛滿月的、無依無靠的小狗，因為小狗還在牙牙學語，只會嘎嘎叫，不會汪汪叫，所以咪咪就把他取名為「嘎嘎」。

　　咪咪家的大貓喵喵，是個很愛吃醋的大小姐，看到大家都那麼關心、喜歡小狗嘎嘎，心裡便酸溜溜地不是滋味，所以當咪咪把嘎嘎帶到她面前介紹說：「喵喵，這是嘎嘎，以後就是我們家的一份子，妳要跟他做好朋友喔！」喵喵卻哼地一聲別過臉去，跳到窗檯上自顧自地梳理毛髮去了。

Memo

　然而直到夜深人靜，小狗還是「嘎嘎嘎」地哭叫個不停，僅管咪咪給他吃了香噴噴的罐頭、做了個溫暖的窩，都沒有用。好奇的喵喵忍不住悄悄走到嘎嘎的狗窩附近，觀察這個怪聲怪叫的小東西到底在哭些什麼。

「嘎！嘎！」小狗哭著說：「有個皮球掉在書櫥後面，蒙上了灰塵，我卻無法把他救出來。」喵喵點點頭，想到有一回有隻金龜子不慎從窗口飛進房裡，她正抓著他玩得高興，他卻突然飛進沙發底下一直不出來，直到她等得不小心打了個盹，金龜子就一溜煙地從窗口飛走了。想起這段悲傷的往事，她同情地嘆了口氣：「喵！喵！」

　　小狗繼續啜泣著說：「無論我如何努力，都追不到自己的尾巴。嘎！嘎！」聽到這裡，喵喵忍不住走近嘎嘎的窩，心有戚戚焉地接口道：「我可以鑽進衣櫥裡，也可以鑽進書桌的抽屜裡，卻始終鑽不進咪咪的鉛筆盒。喵！喵！」她悲慟得幾乎不能自己了。小狗哭得更厲害了：「我的媽媽突然變得又冷又硬，再也變不回原來的樣子！嘎！嘎！」這時喵喵哽咽得說不出話來了。因為她剛斷奶就被帶離媽媽的懷抱，

　　放在寵物店的展示箱裡，現在她連媽媽長得什麼模樣都記不起來了。「喵！喵！」她忍不住和嘎嘎抱頭痛哭起來，她這才發現世上竟有這麼多傷心事，自己平常竟都沒有發現……第二天，咪咪驚訝地發現原本很討厭狗的大貓喵喵，竟抱著小狗嘎嘎睡得又香又甜。喵喵醒來以後，看看懷中熟睡的小狗嘎嘎，打了個大大的呵欠，摸摸鬍鬚，心滿意足地說：「嗯！哭過以後，果然睡得特別好呢！」

　　（2003.5.30更生日報）

我喜歡貓咪，也喜歡聖誕節，總覺得他們都有不可思議
的魔力。

所以創作了這三個小故事，希望大家喜歡。

The End

國家圖書館出版品預行編目

貓咪文學館＝Cat's literary library／
　　陳慧文著；小 P 繪. -- 一版
臺北市 ： 秀威資訊科技, 2004[民 93]
　　面 ； 公分. -- 參考書目：面
　　ISBN　978-986-7614-73-5（平裝）
　　1. 貓 - 文集

437.6707　　　　　　　　　　　　　93021525

語言文學類　PG0030

貓咪文學館

作　　者／陳慧文 著 小 P 繪圖
發 行 人／宋政坤
執行編輯／彭家莉
圖文排版／張慧雯
封面設計／羅季芬
數位轉譯／徐真玉　沈裕閔
圖書銷售／林怡君
網路服務／徐國晉
出版印製／秀威資訊科技股份有限公司
　　　　　台北市內湖區瑞光路 583 巷 25 號 1 樓
　　　　　電話：02-2657-9211　　傳真：02-2657-9106
　　　　　E-mail：service@showwe.com.tw
經 銷 商／紅螞蟻圖書有限公司
　　　　　台北市內湖區舊宗路二段 121 巷 28、32 號 4 樓
　　　　　電話：02-2795-3656　　傳真：02-2795-4100
　　　　　http://www.e-redant.com

2006 年 7 月 BOD 再刷
定價：250 元

讀 者 回 函 卡

感謝您購買本書，為提升服務品質，煩請填寫以下問卷，收到您的寶貴意見後，我們會仔細收藏記錄並回贈紀念品，謝謝！

1.您購買的書名：＿＿＿＿＿＿＿＿＿＿＿＿＿＿＿＿＿

2.您從何得知本書的消息？

　　□網路書店　□部落格　□資料庫搜尋　□書訊　□電子報　□書店

　　□平面媒體　□ 朋友推薦　□網站推薦　□其他＿＿＿＿＿＿

3.您對本書的評價：(請填代號　1.非常滿意 2.滿意 3.尚可 4.再改進)

　　封面設計＿＿＿　版面編排＿＿＿　內容＿＿＿　文/譯筆＿＿＿　價格＿＿＿

4.讀完書後您覺得：

　　□很有收獲　□有收獲　□收獲不多　□沒收獲

5.您會推薦本書給朋友嗎？

　　□會　□不會，為什麼？＿＿＿＿＿＿＿＿＿＿＿＿＿＿＿＿＿

6.其他寶貴的意見：＿＿＿＿＿＿＿＿＿＿＿＿＿＿＿＿＿＿＿

＿＿＿＿＿＿＿＿＿＿＿＿＿＿＿＿＿＿＿＿＿＿＿＿＿＿＿＿

＿＿＿＿＿＿＿＿＿＿＿＿＿＿＿＿＿＿＿＿＿＿＿＿＿＿＿＿

＿＿＿＿＿＿＿＿＿＿＿＿＿＿＿＿＿＿＿＿＿＿＿＿＿＿＿＿

讀者基本資料

姓名：＿＿＿＿＿＿＿＿＿＿　年齡：＿＿＿＿　性別：□女　□男

聯絡電話：＿＿＿＿＿＿＿＿　E-mail：＿＿＿＿＿＿＿＿＿＿

地址：＿＿＿＿＿＿＿＿＿＿＿＿＿＿＿＿＿＿＿＿＿＿＿＿＿

學歷：□高中(含)以下　　□高中　　□專科學校　　□大學

　　　□研究所(含)以上 □其他＿＿＿＿＿＿＿＿

職業：□製造業 □金融業 □資訊業 □軍警 □傳播業 □自由業

　　　□服務業 □公務員 □教職　□學生 □其他＿＿＿＿＿＿

To：114

台北市內湖區瑞光路 583 巷 25 號 1 樓

秀威資訊科技股份有限公司　　　收

寄件人姓名：

寄件人地址：□□□

(請沿線對摺寄回,謝謝!)

秀威與 BOD

BOD（Books On Demand）是數位出版的大趨勢,秀威資訊率先運用 POD 數位印刷設備來生產書籍,並提供作者全程數位出版服務,致使書籍產銷零庫存,知識傳承不絕版,目前已開闢以下書系:

一、BOD 學術著作—專業論述的閱讀延伸
二、BOD 個人著作—分享生命的心路歷程
三、BOD 旅遊著作—個人深度旅遊文學創作
四、BOD 大陸學者—大陸專業學者學術出版
五、POD 獨家經銷—數位產製的代發行書籍

BOD 秀威網路書店：www.showwe.com.tw
政府出版品網路書店：www.govbooks.com.tw

永不絕版的故事・自己寫・永不休止的音符・自己唱